U0272164

Technical Manual for State Farm Economic Development Quality and Impact Monitoring

农垦经济发展质量 及影响力监测技术手册

许世卫　主编

中国农业科学技术出版社

图书在版编目（CIP）数据

农垦经济发展质量及影响力监测技术手册／许世卫
主编 . -- 北京：中国农业科学技术出版社，2021.12
　　ISBN 978-7-5116-5606-3

　　Ⅰ . ①农⋯　Ⅱ . ①许⋯　Ⅲ . ①农垦地区 - 农业经济 -
经济发展 - 研究 - 中国 - 手册　Ⅳ . ① F324.1-62

　　中国版本图书馆 CIP 数据核字（2021）第 246557 号

责任编辑　白姗姗
责任校对　贾海霞
责任印制　姜义伟　王思文

出 版 者　中国农业科学技术出版社
　　　　　北京市中关村南大街 12 号　　邮编：100081
电　　话　（010）82106638（编辑室）　（010）82109702（发行部）
　　　　　（010）82109709（读者服务部）
传　　真　（010）82106650
网　　址　http：// www.castp.cn
经 销 者　各地新华书店
印 刷 者　北京建宏印刷有限公司
开　　本　185 mm×260 mm　1/16
印　　张　5.25
字　　数　80 千字
版　　次　2021 年 12 月第 1 版　2021 年 12 月第 1 次印刷
定　　价　48.00 元

◆━━━ 版权所有·侵权必究 ━━━◆

《农垦经济发展质量及影响力监测技术手册》

—— 编 委 会 ——

指导单位：农业农村部农垦局

编写单位：中国农业科学院农业信息研究所农业监测预警中心

主　　任：邓庆海

副 主 任：王润雷　　许世卫

编　　委：武新宇　　周　磊　　刘琢琬
　　　　　李干琼　　张永恩　　赵龙华

主　　编：许世卫

副 主 编：武新宇　　李干琼　　张永恩　　赵龙华

编写人员（按姓氏笔画排序）：

王　禹　　王东杰　　王盛威　　庄家煜

刘佳佳　　孙素华　　李灯华　　李建政

邸佳颖　　陈　威　　金东艳　　周　涵

喻　闻　　熊　露

农垦是我国国有农业经济的骨干和代表，承担着保障国家粮食安全和重要农产品有效供给的重要战略使命，也是推进中国特色农业现代化建设的重要力量，示范带动了我国农业现代化建设。经过 70 多年的发展，农垦逐步形成了组织化程度高、规模化特征突出、产业体系健全的独特优势，成为国家在关键时刻调得动、顶得上的重要战略力量。

为深入贯彻落实《中共中央国务院关于进一步推进农垦改革发展的意见》（中发〔2015〕33 号）和《全国农垦经济和社会发展第十三个五年规划》（农垦发〔2016〕3 号），深化农垦改革，促进农垦事业持续健康发展，及时掌握农垦经济运行动态，科学研判农垦经济发展质量，客观评估农垦在承担保障粮食安全和重要农产品供给、示范现代农业等方面发挥的重要作用，农业农村部农垦局部署开展了农垦经济发展质量及影响力监测评估工作。

为切实做好监测工作，制定了全国农垦经济发展质量及影响力监测体系发展计划；构建监测指标体系，设计监测报表；布局监测点，在农垦系统抽取部分代表性的垦区、农场和产业公司实施监测；建立监测工作队伍，明确了监测任务和监测要求，保障监测工作顺利实施。

目 录

第1章　背　景　//　001

1.1　农垦经济发展现状 001

1.2　监测的必要性 003

第2章　总体思路、预期目标、技术路线　//　005

2.1　总体思路 005

2.2　预期目标 005

2.3　重点任务 006

2.4　技术路线 007

第3章　指标体系　//　008

3.1　指标体系构建原则 008

3.2　指标体系整体框架 009

3.3　指标体系内容 009

第4章　监测点布局　//　017

4.1　选点目标 017

4.2　选点原则 017

4.3　选点方法及结果 018

第5章　监测实施　//　025

5.1　实施组织 025

5.2　监测报表 025

5.3　数据填报 025

第6章 保障措施 // 027

　　6.1 加强组织领导 027

　　6.2 加强技术培训 027

　　6.3 加强监督管理 027

　　6.4 加强宣传交流 028

附 件 // 029

　　附件1 农场和企业监测点 029

　　附件2 全国农垦经济发展质量及影响力监测报表 036

　　附件3 指标解释 056

第1章 背 景

1.1 农垦经济发展现状

1.1.1 总体经济实力显著增强

自 2002 年实现扭亏为盈以来，农垦系统发展步伐全面加快，经济效益保持高速增长。2019 年，全国农垦实现生产总值 7 886.3 亿元，约占全国的 0.8%，其中，第一产业增加值 1 828.4 亿元，第二产业增加值 3 290.0 亿元，第三产业增加值 2 767.9 亿元，第一、第二、第三产业增加值占农垦生产总值的比重分别为 23.2%、41.7% 和 35.1%；人均生产总值 56 305 元，人均可支配收入达到 21 213 元。农垦实有农场 1 843 个，企业资产总额达到 1.18 万亿元，实现营业总收入 6 420 多亿元，利润总额 212 亿元。2019 年末农垦总人口 1 438.4 万人，职工 214.7 万人，农垦职工平均工资 46 192 元。

1.1.2 重要农产品供给保障能力保持稳定

全国农垦建立了一批具有国际先进水平的粮食、天然橡胶、棉花、乳品等大型优质农产品生产基地。2019 年，全国农垦系统粮食作物播种面积 479.48 万公顷，占全国的 4.1%，总产量 3 441.1 万吨，约占全国总产的 5.2%；棉花播种面积 100.66 万公顷，占全国的 30.1%，总产量 244.8 万吨，约占全国总产的 41.6%；牛奶总产量 418.2 万吨，约占全国总产的 13.1%；肉类总产量 200.6 万吨，约占全国总产的 2.6%；成品糖总产量 380.9 万吨，约占全国总产的 27.4%；良种生产量 133.5 万吨，在国家保障粮食安全和重要农产品有效供给方面发挥战略性作用。

1.1.3　现代农业建设水平不断提高

农垦着力建设科技创新平台，研发产业链关键技术，技术装备水平和科技发展水平不断提高。2019 年，农业耕种收综合机械化率为 91.2%；农业科技进步贡献率约 59%，高于全国平均水平 3 个百分点。以现代农业示范区为窗口，农垦探索和发展标准化生产、产业化运作和可持续发展新模式，截至 2019 年，建设农业产业园区 175 个，培育了一批农业龙头企业，为推动我国现代农业建设发挥了重要作用。

1.1.4　农垦改革取得明显成效

围绕"垦区集团化、农场企业化"改革主线，不断推进农垦企业整合重组和农垦联合联盟联营。目前，全国 1 500 多个国有农场办完成社会职能改革任务，90.6% 应改革农场完成国有农场办社会职能改革；全国农垦完成土地确权登记 4.13 亿亩（1 亩≈667 平方米），登记发证率 96.2%（不含新疆生产建设兵团）；1 000 多万亩土地作价注入农垦企业，累计金额 1 650 多亿元。随着"两个 3 年"任务的如期完成，农垦企业社会负担明显减轻，农场经济功能和经营能力得到增强。现代企业制度建设深入推进，全国已组建区域集团和产业公司 300 余家，一大批农场注册成为公司制企业，"中国农垦"公共品牌正式发布；中国农垦八大产业联盟完成组建；中垦乳业等中垦系公司相继成立，农垦内生发展动力和市场竞争力显著增强。

1.1.5　对外合作能力持续增强

农垦统筹国内、国际两种资源、两个市场，积极实施"走出去"战略。通过构建多元合作机制，大力开展对外交流合作，在境外合作开展粮食、橡胶、蔗糖等农作物生产和开发农产品加工、物流、服务等产业。2019 年，农垦外贸出口供货商品总额 473.4 亿元，累计在 42 个国家和地区设立 113 个境外企业和发展项目，境外农产品生产年实现产值近 240 亿元、利润 17 亿元。农垦企业国际竞争力不断增强，正逐步做大做强做优成跨国农业企业。

1.1.6　农垦发展面临挑战

农垦处于城乡二元结构交汇处，国有经济和农业农村经济相互交织，改革发展中既面临"三农"和国企的共性问题，也存在自身问题。在国内方面，我国的农业资源环境问题突出，农业生产积极性不足，农业生产效率不高，结构性矛盾突出，农垦体制机制尚未完全理顺、经营机制不活、社会负担重，农垦经济发展活力有待进一步提高。在国际方面，农业领域的国际竞争日趋激烈，国际资本在全球范围内的影响力凸显，国内外农产品市场深度融合，农产品价格受国际贸易等政策形势影响较大，部分农产品国内外价格倒挂严重，对我国农业企业的发展产生了巨大压力，向农垦示范引领我国现代农业发展提出了巨大挑战。

1.2　监测的必要性

全国农垦建立了综合统计报表制度、财务报表制度、专项统计制度及其指标体系。部分垦区树立"向信息化管理要效益"的工作思路，建设了智能化农垦信息管理平台。各垦区现行的统计监测制度，为做好农垦经济发展质量及影响力监测评估工作奠定了坚实的基础。

农垦统计制度尚存在不足。一是各垦区管理体制类型多样，组织结构复杂，资源禀赋和发展水平差异较大，改革进度不同步，各垦区报表制度存在不统一等问题。二是现行农垦统计制度以年度监测为主，季度、月度等动态信息的监测较少，数据时效性不强，难以及时跟踪和掌握农垦经济运行动态。三是我国经济已由高速增长阶段转向高质量发展阶段，经济发展更加注重提质增效，当前的农垦统计制度和指标体系，反映总量的指标多，体现质量、效益的指标少；反映传统发展方式的指标多，体现新发展方式的指标少，不能完全体现高质量发展的内在要求，需加快构建农垦经济高质量发展指标体系。

开展农垦经济发展质量及影响力监测是及时掌握农垦改革发展动态的迫切需要。农垦改革的深入推进，为农垦发展壮大带来了前所未有的机遇，但改革依然面临复杂问题。开展农垦经济发展质量及影响力监测评估，通过动态监测评估，从宏观上及时掌握农垦改革动态和进程，有助于农垦改革深入推进。

开展农垦经济发展质量及影响力监测是指导农垦经济高质量发展的内在要求。推进农垦的高质量发展必须坚持质量第一、效益优先，必须推动农垦经济发展的质量变革、效率变革、动力变革。以"高质量发展"为内涵，贯穿监测评估全过程，针对农垦发展存在的问题和矛盾，合理制定政策措施，为科学定位农垦发展方向和解决农垦改革问题提供依据，推动农垦经济提质增效，实现以监测促发展。

开展农垦经济发展质量及影响力监测是强化农垦经济运行监管的有效手段。通过对垦区及其下属国有农场和企业生产、运营情况的监测评估，实现对垦区、国有农场、企业进行有效监管，实现以监测促监管。

开展农垦经济发展质量及影响力监测是彰显农垦地位的重要途径。通过客观评估农垦在承担保障粮食安全和重要农产品供给、示范现代农业、国际化发展、提供就业等方面发挥的突出贡献，发布有影响力的农垦经济发展质量报告，向社会传达农垦在农业现代化建设和经济社会发展全局中的重要作用，提升社会对农垦的关注度和认可度。

第2章 总体思路、预期目标、技术路线

2.1 总体思路

为深入贯彻落实《中共中央国务院关于进一步推进农垦改革发展的意见》（中发〔2015〕33 号，以下简称《意见》）和《全国农垦经济和社会发展第十三个五年规划》（农垦发〔2016〕3 号，以下简称《农垦"十三五"规划》），牢固树立创新、协调、绿色、开放、共享的新发展理念，紧紧围绕农垦改革发展目标，以农垦经济高质量发展为核心，构建新时代农垦经济发展质量及影响力监测指标体系和综合评估体系。以农垦主管部门和各级农垦统计部门为主要力量，以监测数据信息平台为技术支撑，以全国各垦区及下属国有农场和二三产企业为监测对象，建立农垦经济发展质量监测评估机制，为农垦改革发展提供决策支撑，打造监测成果发布窗口，形成农垦经济发展质量报告发布机制，向社会传达农垦声音，提升农垦的社会关注度和认可度。

2.2 预期目标

构建农垦经济发展质量及影响力监测指标体系和综合评估体系，提升农垦经济运行监测水平，开发监测数据信息平台，建成农垦经济发展质量监测评估机制；开展农垦经济发展质量及影响力监测评估，加强监测数据集成应用，着力发挥信息的驱动引领作用；建立健全信息发布机制，建成农垦经济发展质量监测报告发布机制，提升信息应用服务水平。

2.3　重点任务

2.3.1　指标体系构建

以垦区现有统计监测资料、企业公开的财务报表为基础，参考《农垦"十三五"规划》等文件，通过梳理、整合、补充和优化，分别以垦区（或垦区集团）、国有农场、直属企业为主体，构建覆盖全面、重点突出的农垦经济发展质量监测评估指标体系。其中，针对垦区（或垦区集团）整体经济运行情况，共设计一级指标8个，二级指标34个；针对国有农场生产经营管理，共设计一级指标6个，二级指标24个；针对直属企业的市场化经营，共设计一级指标8个，二级指标27个。

2.3.2　监测评估技术体系构建

在全国35个垦区（不含西藏自治区农牧厅），按一定比例选择具有典型性和代表性的国有农场和直属企业，合理布设监测点，确定季度、年度相结合的监测频率，完善监测技术规范，实现数据的集成应用。各垦区开展动态监测和评估，采集垦区（垦区集团）、国有农场和直属企业经济发展质量数据，确保监测数据真实、准确、可靠，并及时上报至监测数据信息化平台。

2.3.3　成果报告发布机制构建

按年度发布《农垦经济发展质量及影响力报告》，建立固定周期的《农垦经济发展质量及影响力报告》工作日历。以中国农垦（热作）网和农业农村部农垦局官方网站为平台，打造权威的报告发布窗口。每年5月中下旬组织召开报告发布会，由农业农村部农垦局发布《农垦经济发展质量及影响力报告》，逐步提升报告影响力。

2.4　技术路线

监测评估方案技术路线图如图 1 所示。

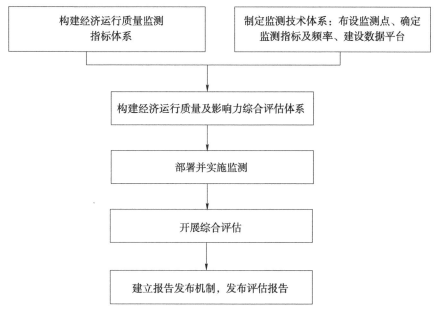

图 1　监测评估方案技术路线图

第3章 指标体系

3.1 指标体系构建原则

3.1.1 关键性原则

选取能够反映农垦创新、协调、绿色、开放、共享的新发展理念的关键性和代表性指标。

3.1.2 全面性原则

监测指标体系应从多角度反映农垦经济发展的特征，尽可能全面完整地反映农垦经济发展的全貌。

3.1.3 唯一性原则

监测指标体系中各指标应概念完整，内涵和外延明确，指标唯一无歧义，指标间相互独立。

3.1.4 可比性原则

各指标计量范围和计算口径应高度一致，能够进行横向与纵向、时间与空间的对比和分析。

3.1.5 衔接性原则

指标应符合国家统计制度，充分衔接农垦和农业农村现有统计指标，选择切实符合农垦实际情况的指标。

3.2 指标体系整体框架

农垦经济发展质量监测指标体系由垦区（垦区集团）经济发展质量监测指标、国有农场运行质量监测指标及直属企业运行质量监测指标组成。分别针对垦区（或垦区集团）、国有农场（以从事农业生产为主）及直属企业（以从事二三产为主）设计指标体系。

其中，针对垦区（或垦区集团），拟围绕垦区（垦区集团）总体经济实力、农产品保障水平、质量效益水平、技术装备水平、绿色发展水平、示范带动能力、科技创新水平、对外合作水平 8 个方面开展经济发展质量监测评估；针对国有农场，拟围绕农场总体规模、农产品生产能力、技术装备水平、规模化经营水平、人员技术水平、农场盈利能力 6 个方面开展监测评估；针对直属企业，拟围绕企业总体规模、产业链建设能力、科技创新水平、对外合作水平、企业盈利能力、资产质量状况、债务风险水平、经营增长状况 8 个方面开展监测评估。

3.3 指标体系内容

农垦经济发展质量监测指标体系拟设计 22 个一级指标、85 个二级指标。部分二级指标主要来自《中华人民共和国国民经济与社会发展第十三个五年规划纲要》《农垦"十三五"规划》《全国农业现代化规划（2016—2020 年）》《全国农村经济发展"十三五"规划》《国家质量兴农战略规划（2018—2022 年）》及《国家现代农业示范区建设水平监测评价办法（试行）》。

3.3.1 垦区（垦区集团）经济发展质量监测指标

为了解垦区或垦区集团经济发展质量总体情况，设立垦区（垦区集团）经济发展质量监测指标。以各省、自治区、直辖市，南京、广州农垦主管部门，新疆生产建设兵团、中国热带农业科学院为主体进行监测。该指标体系围绕垦区（垦区集团）总体经济实力、农产品保障水平、质量效益水平、技术装备水平、绿色发展水平、示范带动能力、科技创新水平、对外合作水平8 个方面设立一级指标，并在此基础上设计 34 个二级指标。具体指标体系见表 1。

表 1　垦区（垦区集团）经济发展质量监测指标

目标级	一级指标	二级指标
A 垦区（垦区集团）经济发展质量	A1 总体经济实力	A11 年末从业人员数（人）
		A12 农垦生产总值（亿元）
		A13 资产总额（亿元）
		A14 营业总收入（亿元）
		A15 利润总额（亿元）
		A16 农产品加工业产值与农业总产值之比
	A2 农产品保障水平	A21 粮食总产量（亿斤*）
		A22 棉花总产量（万吨）
		A23 糖料总产量（万吨）
		A24 剑麻总产量（万吨）
		A25 干胶总产量（万吨）
		A26 肉类总产量（万吨）
		A27 奶类总产量（万吨）
		A28 水产品总产量（万吨）
		A29 种子总产量（万吨）
	A3 质量效益水平	A31 农业劳动生产率（万元 / 人）
		A32 入选中国农业品牌目录品牌数（个）
		A33 已认证绿色食品产量（吨）
		A34 已认证有机食品产量（吨）
	A4 技术装备水平	A41 高标准农田占耕地面积比重（%）
		A42 农田有效灌溉率（%）
		A43 测土配方施肥覆盖率（%）
		A44 耕种收综合机械化率（%）

续表

目标级	一级指标	二级指标
A 垦区（垦区集团）经济发展质量	A5 绿色发展水平	A51 单位耕地面积化肥施用量增长率（%）
		A52 单位耕地面积农药施用量增长率（%）
		A53 单位 GDP 能耗（吨标准煤/万元）
	A6 示范带动能力	A61 农业产业园数（个）
		A62 带动农户数（户）
	A7 科技创新水平	A71 科技研发人员数（人）
		A72 科技研发投入（万元）
	A8 对外合作水平	A81 外贸出口供货商品金额（万元）
		A82 境外投资总额（万元）
		A83 境外营业收入总额（万元）
		A84 境外营业利润总额（万元）

注：* 1 斤 =500 克。

——总体经济实力。针对垦区总体经济实力进行监测，用以评价垦区生产总值及集团营收的变化情况。拟设计以下 6 个二级指标：年末从业人员数、农垦生产总值、资产总额、营业总收入、利润总额、农产品加工业产值与农业总产值之比。

——农产品保障水平。针对垦区农产品保障水平进行监测，用以评价垦区重要农产品的生产供给能力。拟设计以下 9 个二级指标：粮食总产量、棉花总产量、糖料总产量、剑麻总产量、干胶总产量、肉类总产量、奶类总产量、水产品总产量、种子总产量。

——质量效益水平。针对垦区经济发展的质量效益水平进行监测，用以评价垦区经济发展"提质增效"水平。拟设计以下 4 个二级指标：农业劳动生产率、入选中国农业品牌目录品牌数、已认证绿色食品产量、已认证有机食品产量。

——技术装备水平。针对垦区农业生产的技术装备水平进行监测，用以评价垦区技术装备的先进性。拟设计以下 4 个二级指标：高标准农田占耕地面积比重、农田有效灌溉率、测土配方施肥覆盖率、耕种收综合机械化率。

——绿色发展水平。针对垦区绿色发展情况进行监测，用以评价垦区经济可持续发展水平。拟设计以下 3 个二级指标：单位耕地面积化肥施用量增长率、单位耕地面积农药施用量增长率、单位 GDP 能耗。

——示范带动能力。针对垦区的带动示范水平进行监测，用以评价垦区带动现代化农业建设的能力和作用。拟设计以下 2 个二级指标：农业产业园数、带动农户数。

——科技创新水平。针对垦区科技创新水平进行监测，用以评价垦区科学研究、技术研发、管理与制度创新水平。拟设计以下 2 个二级指标：科技研发人员数、科技研发投入。

——对外合作水平。针对垦区对外合作水平进行监测，用以评价垦区"走出去"战略的实施情况。拟设计以下 4 个二级指标：外贸出口供货商品金额、境外投资总额、境外营业收入总额、境外营业利润总额。

3.3.2　国有农场运行质量监测指标

国有农场是农垦的基本属性，也是农垦创新农业经营管理体制的核心。为掌握国有农场现代农业生产经营能力和管理情况，设立农场运行质量监测指标。以从事农业生产的典型国有农场为主体进行监测。该指标体系围绕农场总体规模、农产品生产能力、技术装备水平、规模化经营水平、人员技术水平、农场盈利能力 6 个方面设立一级指标，并在此基础上设计 24 个二级指标。具体指标体系见表 2。

表 2　国有农场运行质量监测指标

目标级	一级指标	二级指标
B 国有农场运行质量	B1 农场总体规模	B11 农场从业人员数（人）
		B12 农场土地总面积（亩）
		B13 资产总额（万元）
		B14 营业总收入（万元）
		B15 利润总额（万元）

续表

目标级	一级指标	二级指标
B 国有农场运行质量	B2 农产品生产能力	B21 播种面积（亩）
		B22 单产（千克/亩）
		B23 总产量（吨）
		B24 生产成本（元/亩，元/吨）
		B25 价格（元）
	B3 技术装备水平	B31 高标准农田占耕地面积比重（%）
		B32 农田灌溉水有效利用率（%）
		B33 测土配方施肥覆盖率（%）
		B34 耕种收综合机械化率（%）
		B35 良种覆盖率（%）
	B4 规模化经营水平	B41 多种形式土地适度规模经营比重（%）
		B42 畜禽规模化养殖比重（%）
	B5 人员技术水平	B51 持专业证书的农业劳动力占比（%）
		B52 大专学历以上农业技术推广服务人员占比（%）
	B6 农场盈利能力	B61 净资产收益率（%）
		B62 销售（营业）利润率（%）
		B63 成本费用利润率（%）
		B64 成本收益率（%）
		B65 销售（营业）增长率（%）

——农场总体规模。针对农场总体规模进行监测，用以评价农场职工、面积等基本情况。拟设计以下 5 个二级指标：农场从业人员数、农场土地总面积、资产总额、营业总收入、利润总额。

——农产品生产能力。针对农场生产能力进行监测，用以全面评价农场对重要农产品的生产供给水平。拟设计以下 5 个二级指标：播种面积、单产、总产量、生产成本、价格。

——技术装备水平。针对农场技术装备水平进行监测，用以评价农场技术装备的先进性。拟设计以下 5 个二级指标：高标准农田占耕地面积比重、农田灌溉水有效利用率、测土配方施肥覆盖率、耕种收综合机械化率、良种覆盖率。

——规模化经营水平。针对农场规模化经营水平进行监测，用以评价农场的规模化生产优势。拟设计以下 2 个二级指标：多种形式土地适度规模经营比重、畜禽规模化养殖比重。

——人员技术水平。针对人员技术水平进行监测，用以评价农场从业人员的生产素质。拟设计以下 2 个二级指标：持专业证书的农业劳动力占比、大专学历以上农业技术推广服务人员占比。

——农场盈利能力。针对农场盈利能力进行监测，用以评价农场的投入产出水平和盈利质量。拟设计以下 5 个二级指标：净资产收益率、销售（营业）利润率、成本费用利润率、成本收益率、销售（营业）增长率。

3.3.3　直属企业运行质量监测指标

垦区直属企业包括与现代农业发展相匹配和适应的农业服务加工企业，以及风险对冲的非农企业。为了解垦区企业经营状况，推进企业市场化经营体制创新，针对垦区直属企业，设立直属企业运行质量监测指标。以直属于垦区（或垦区集团）的二三产企业为主体进行监测，其中，农垦上市公司为重点监测企业。该指标体系围绕企业总体规模、产业链建设能力、科技创新水平、对外合作水平、企业盈利能力、资产质量状况、债务风险水平、经营增长状况 8 个方面设立一级指标，并在此基础上设计 27 个二级指标。具体指标体系见表 3。

表 3　直属企业运行质量监测指标

目标级	一级指标	二级指标
C 直属企业运行质量	C1 企业总体规模	C11 企业从业人员数（人）
		C12 资产总额（万元）
		C13 营业总收入（万元）
		C14 利润总额（万元）
	C2 产业链建设能力	C21 农产品加工仓储能力（吨）
		C22 农产品生产销售能力（吨）
		C23 产品价格（元）
		C24 电子商务交易额（万元）

续表

目标级	一级指标	二级指标
C 直属企业运行质量	C3 科技创新水平	C31 科技研发人员数（人）
		C32 科技研发投入（万元）
		C33 是否通过 ISO、HACCP 等质量认证
	C4 对外合作水平	C41 外贸出口供货商品金额（万元）
		C42 企业境外投资总额（万元）
		C43 企业境外营业收入总额（万元）
		C44 企业境外营业利润总额（万元）
	C5 企业盈利能力	C51 净资产收益率（%）
		C52 总资产报酬率（%）
		C53 销售（营业）增长率（%）
		C54 成本费用利润率（%）
	C6 资产质量状况	C61 总资产周转率（次）
		C62 应收账款周转率（%）
		C63 流动资产周转率（%）
	C7 债务风险水平	C71 资产负债率（%）
		C72 速动比率（%）
	C8 经营增长状况	C81 资本保值增值率（%）
		C82 总资产增长率（%）
		C83 技术投入比率（%）

——企业总体规模。针对企业规模进行监测，用以评价企业职工等基本情况。拟设计以下 4 个二级指标：企业从业人员数、资产总额、营业总收入、利润总额。

——产业链建设能力。针对企业建设农产品全产业链的能力进行监测，用以评价企业加工仓储、生产销售农产品的能力，以及电子商务交易的情况。拟设计以下 4 个二级指标：农产品加工仓储能力、农产品生产销售能力、产品价格、电子商务交易额。

——科技创新水平。针对企业科技创新水平进行监测，用以评价企业科学研究、技术研发、管理与制度创新水平。拟设计以下 3 个二级指标：科技研发人员数，科技研发投入，是否通过 ISO、HACCP 等质量认证。

——对外合作水平。针对企业对外合作水平进行监测，用以评价企业"走出去"战略的实施情况。拟设计以下 4 个二级指标：外贸出口供货商品金额、企业境外投资总额、企业境外营业收入总额、企业境外营业利润总额。

——企业盈利能力。针对企业盈利能力进行监测，用以评价企业在一定经营期间的投入产出水平和盈利质量。拟设计以下 4 个二级指标：净资产收益率、总资产报酬率、销售（营业）增长率、成本费用利润率。

——资产质量状况。针对企业资产质量状况进行监测，用以评价企业所占经济资源的利用效率、资产管理水平与资产的安全性。拟设计以下 3 个二级指标：总资产周转率、应收账款周转率、流动资产周转率。

——债务风险水平。针对企业债务风险水平进行监测，用以评价企业的债务状况和面临的债务风险。拟设计以下 2 个二级指标：资产负债率、速动比率。

——经营增长状况。针对企业经营增长状况进行监测，用以评价企业的经营增长水平、资本增值状况和发展后劲。拟设计以下 3 个二级指标：资本保值增值率、总资产增长率、技术投入比率。

第4章 监测点布局

4.1 选点目标

科学选取垦区及国有农场、企业作为全国农垦经济发展质量及影响力监测对象，合理布设监测点，建立长期稳定的监测网络，为监测任务的切实落实打好基础。

4.2 选点原则

第一，以垦区、农场及企业的实际情况和现有统计数据为依据选择监测点，并综合考虑各类主体的规模大小、经营情况和发展水平。

第二，以规模较大、产值较高、发展较快的集团化垦区、重要农场和企业作为重点监测对象，突出重点垦区、农场和企业对农垦经济运行的影响力。

第三，在重点监测的基础上，选取不同发展水平的农场和企业作为补充开展监测，以反映农垦经济发展的整体水平，并满足监测点选取的代表性要求。

第四，农场监测点应包括农场、牧场、果树场、茶场、园艺场、林场等，同一垦区的监测点应覆盖主导产业类型；企业监测点应包括涉农和非涉农企业，以涉农企业为主。

第五，企业和农场在从属关系上存在交叉时，以上级单位作为监测点，不再单独监测下级单位，避免同一企业或农场被两次布点。

4.3　选点方法及结果

4.3.1　垦区选择

重点选择集团化垦区及规模较大的非集团化垦区作为垦区代表，开展垦区经济发展质量及影响力总体情况的监测。拟监测垦区见表4。

表4　垦区监测点

序号	拟监测垦区（垦区集团）
1	北京市首农食品集团有限公司
2	天津食品集团有限公司
3	光明食品（集团）有限公司
4	江苏省农垦集团有限公司
5	安徽省农垦集团有限公司
6	广东省农垦集团公司
7	广西壮族自治区农垦局
8	海南省农垦投资控股集团有限公司
9	重庆市农业投资集团有限公司
10	陕西省农垦集团有限责任公司
11	甘肃省农垦集团有限责任公司
12	云南农垦集团有限责任公司
13	黑龙江省农垦总局
14	湖北省农业农村厅
15	河北省农垦局
16	广州风行发展集团有限公司
17	南京农垦产业集团有限公司

4.3.2 农场选点

（1）确定监测范围

对"全国农垦财务统计系统"中的全国农垦下属单位进行筛选，剔除财务处等行政管理单位（部门），并划分为农场（含农场公司）和企业。剔除无统计数据农场，确定各垦区农场监测范围及总样本数。其中，重庆垦区无农场。

对于集团化垦区（陕西、云南、黑龙江、广东垦区除外），农场选点范围为直属于垦区集团的农场及农场公司。对于非集团化垦区及陕西、云南垦区，农场选点范围为受属地化管理的农场及农场公司。对于黑龙江和广东垦区，农场选点范围为受各管理局（或分集团公司）管辖的农场。全国农垦符合条件并纳入监测范围的农场共 1 327 家。

（2）计算综合指数

以"全国农垦财务统计系统"2018 年数据为基础，选取固定资产、营业总收入、利润总额及年末从业人员人数 4 个指标，分别以 30%、40%、20% 和 10% 为权重，计算各级农场综合指数。计算公式如下：

$$综合指数 = 固定资产 \times 30\% + 营业总收入 \times 40\% + 利润总额 \times 20\% + 年末从业人员数 \times 10\%$$

其中，固定资产，单位：亿元；营业总收入，单位：亿元；利润总额，单位：亿元；年末从业人员人数，单位：万人。

（3）确定监测点数量（样本容量）

根据全国农垦农场数量及综合指数计算结果，综合考虑主要农场的重要性、监测点的代表性及在各垦区分布的均匀性等因素，确定监测点，并确定各垦区拟开展监测的农场个数。

①为充分体现重点农场对全国农垦的突出贡献，对全国垦区 1 327 家农场进行统一排序（按降序排列）。选择综合指数排名前 2.5% 的农场纳入监测点（约 33 家国有农场），其综合指数之和约占全国农垦国有农场指数之和的 39%。

②为反映各垦区主要农场在本垦区的重要地位，以垦区为单元，分别对各垦区内农场进行综合指数排序。选择各垦区内综合指数位居前 2 位的农场纳入拟监测点。

③为综合反映各垦区农场发展的总体水平，对农场总数 >15 的垦区，在各垦区内综合指数位居 50% 和 75% 附近的农场中，分别选取一家农场纳入拟监测点。

④计算各垦区农场监测点总数。经统计，拟在全国农垦共选择 120 家农场开展监测。

（4）确定农场监测点

选择全国垦区综合指数位居前 2.5% 的农场、各垦区内综合指数位居前 2 位的农场及位居 50% 和 75% 的农场作为拟监测点。同时以各垦区内综合指数位居 50% 和 75% 附近的农场对拟监测点进行微调，以尽量满足监测点对垦区内不同产业类型的覆盖，调动区间为 ±2 位。各垦区农场数量及拟监测农场数量见表 5。

表 5　各垦区农场数及拟监测点数量

垦区	农场数（个）	拟监测农场数（个）				
		全国前 2.5%	垦区前 2 位	垦区 50% 附近	垦区 75% 附近	总数
北京市首农食品集团有限公司	8	5	0	0	0	5
天津食品集团有限公司	2	0	1	0	0	1
光明食品（集团）有限公司	6	3	0	0	0	3
江苏省农垦集团有限公司	18	0	2	1	1	4
安徽省农垦集团有限公司	15	0	2	1	1	4
广东省农垦集团公司	42	0	2	1	1	4
广西壮族自治区农垦局	16	0	2	1	1	4
海南省农垦投资控股集团有限公司	27	0	2	1	1	4
陕西省农垦集团有限责任公司	9	1	1	0	0	2
甘肃省农垦集团有限责任公司	12	0	2	0	0	2

续表

垦区	农场数（个）	拟监测农场数（个）				
		全国前2.5%	垦区前2位	垦区50%附近	垦区75%附近	总数
宁夏农垦集团有限公司	11	0	2	0	0	2
广州风行发展集团有限公司	1	0				0
南京农垦产业集团有限公司	1	0				0
云南省农垦局	35	0	2	1	1	4
黑龙江省农垦总局	106	15	0	1	1	17
河北省农垦局	31	1	1	1	1	4
山西省农业厅农垦局	22	0	2	1	1	4
内蒙古自治区农牧业厅	98	0	2	1	1	4
辽宁省农业农村厅	99	0	2	1	1	4
吉林省农垦局	71	0	2	1	1	4
浙江省国有农场管理总站	35	0	2	1	1	4
福建省农业厅农垦处	111	0	2	1	1	4
江西省农垦事业管理办公室	147	2	0	1	1	4
山东省农业农村厅农垦局	11	0	2	0	0	2
河南省农业厅农场管理局	77	2	0	1	1	4
湖北省农业农村厅	52	2	0	1	1	4
湖南省农业农村厅农垦处	55	1	1	1	1	4
重庆市农垦局	0					0
四川省农业农村厅农场管理局	29	0	2	1	1	4
贵州省农业委员会农垦管理处	26	0	2	1	1	4
青海省农牧厅农垦局	10	0	2	0	0	2
新疆维吾尔自治区农业厅地方国有农场管理局	41	0	2	1	1	4
新疆维吾尔自治区畜牧厅	108	1	1	1	1	4
小计	1 327	33	43	22	22	120

注：已进入全国农垦综合指数排名前 2.5% 的农场，不再计入各垦区内综合指数位居前 2 位的农场数统计。下同。

4.3.3　企业选点

（1）确定监测范围

具体方法同农场监测范围的方法。在"全国农垦财务统计系统"农垦企业名录中，剔除无统计数据企业，确定各垦区企业监测范围及总样本数。

对于集团化垦区（陕西、云南、黑龙江、广东垦区除外），企业选点范围为直属于垦区集团的二级企业。对于非集团化垦区及陕西、云南垦区，企业选点范围为受属地化管理的企业公司。对于黑龙江和广东垦区，企业选点范围为受各管理局（或分集团公司）管辖的企业及直属总局（或集团公司）的二级企业。全国农垦符合条件并纳入监测范围的企业共564家。

（2）计算综合指数

企业综合指数计算方法同农场。

（3）确定监测点数量（样本容量）

①为充分体现重点企业对全国农垦的突出贡献，对全国垦区564家企业进行统一排序（按降序排列）。选择全国垦区综合指数排名前3.5%的企业纳入拟监测点（约20家企业），其综合指数总和约占全国农垦企业指数之和的66%。

②为反映各垦区主要企业在本垦区的重要地位，以垦区为单元，分别对各垦区内企业综合指数进行排序。各垦区分别选择综合指数排名前1～3位的农垦企业纳入拟监测点。

对于企业数＞20的垦区，选择各垦区内综合指数位居前3位的企业；

对于企业数10～20的垦区，选择各垦区内综合指数位居前2位的企业；

对于企业数＜10的垦区，选择各垦区内综合指数位居第1位的企业。

③为综合反映各垦区企业发展的总体水平，对企业总数＞10的垦区，在位于垦区内综合指数排名50%和75%附近的企业中，分别选取一家企业纳入拟监测点。

④计算各垦区监测企业总数。拟在全国农垦选择92家企业开展监测。

（4）确定企业监测点

根据全国垦区综合指数排名前 3.5% 的企业、各垦区内综合指数位居前 1～3 位及位居 50% 和 75% 的企业作为拟监测点。同时以各垦区内综合指数位居 50% 和 75% 附近的企业对监测点进行微调，以尽量满足监测点对垦区内涉农企业和非涉农企业的覆盖，调动区间为 ±2 位。各垦区企业数量及拟监测企业数量见表 6。

拟监测农场和企业列表见附件 1。

表 6　各垦区企业数及拟监测点数量

垦区	企业数（个）	拟监测企业数（个）				
		全国前 3.5%	各垦区前 1～3 位	垦区 50% 附近	垦区 75% 附近	总数
北京市首农食品集团有限公司	25	4	0	1	1	6
天津食品集团有限公司	58	1	2	1	1	5
光明食品（集团）有限公司	25	7	0	1	1	9
江苏省农垦集团有限公司	19	1	1	1	1	4
安徽省农垦集团有限公司	14	0	2	1	1	4
广东省农垦集团公司	70	1	2	1	1	5
广西壮族自治区农垦局	24	0	3	1	1	5
海南省农垦投资控股集团有限公司	22	1	1	1	1	4
陕西省农垦集团有限责任公司	5	0	1	0	0	1
甘肃省农垦集团有限责任公司	26	0	3	1	1	5
宁夏农垦集团有限公司	13	0	2	1	1	4
广州风行发展集团有限公司	6	0	1	0	0	1
南京农垦产业集团有限公司	4	0	1	0	0	1
云南省农垦局	43	1	2	1	1	5
黑龙江省农垦总局	94	3	0	1	1	5
河北省农垦局	1	0	1	0	0	1
山西省农业厅农垦局	3	0	1	0	0	1

续表

垦区	企业数（个）	拟监测企业数（个）					
		全国前3.5%	各垦区前1～3位	垦区50%附近	垦区75%附近	总数
内蒙古自治区农牧业厅	29	0	3	1	1	5
辽宁省农业农村厅	6	1	0	0	0	1
吉林省农垦局	9	0	1	0	0	1
浙江省国有农场管理总站	5	0	1	0	0	1
福建省农业厅农垦处	6	0	1	0	0	1
江西省农垦事业管理办公室	12	0	2	1	1	4
山东省农业农村厅农垦局	1	0	1	0	0	1
河南省农业厅农场管理局	2	0	1	0	0	1
湖北省农业农村厅	1	0	1	0	0	1
湖南省农业农村厅农垦处	2	0	1	0	0	1
重庆市农垦局	18	0	2	1	1	4
四川省农业农村厅农场管理局	5	0	1	0	0	1
贵州省农业委员会农垦管理处	5	0	1	0	0	1
青海省农牧厅农垦局	9	0	1	0	0	1
新疆维吾尔自治区农业厅地方国有农场管理局	1	0	1	0	0	1
新疆维吾尔自治区畜牧厅	1	0	1	0	0	1
小计	564	20	42	15	15	92

第 5 章　监测实施

5.1　实施组织

　　农业农村部农垦局部署监测工作总体安排、发布数据上报通知，农垦经济中心提供系统平台等技术支撑，中国农业科学院农业信息研究所农业监测预警团队负责数据审核、分析及报告撰写。各监测点安排专人负责监测工作具体实施，开展农垦经济发展质量监测，省级农垦统计业务管理部门负责组织协调本垦区监测点数据报送。

5.2　监测报表

　　为实现对农垦经济运行情况的动态监测，采取了年度监测和季度监测相结合的方法开展监测，针对三类监测主体分别设计相应的年度监测报表和季度监测报表，即垦区年度监测报表和季度监测报表、农场年度监测报表和季度监测报表、企业年度监测报表和季度监测报表。具体监测报表见附件2。

5.3　数据填报

5.3.1　填报平台

　　此次监测采取网上填报的方式进行，在农垦国有农场综合信息管理平台 http://202.127.42.181:8080/ 进行数据上报和管理。

5.3.2 时间要求

各监测点按期统计并及时上报监测数据。其中，年度数据于下年 2 月 10 日之前上报；季度数据于下季度首月 10 日之前上报。

5.3.3 质量要求

各监测点统计主管部门要明确数据审核责任人，强化监督。各监测点统计负责人要认真学习领会指标含义，科学采集数据，严禁虚报数据。

第6章 保障措施

6.1 加强组织领导

成立领导小组，统筹协调农垦经济发展质量监测评估工作，由农业农村部农垦局局长担任领导小组组长，农业农村部农垦局相关同志为小组成员。建立垦区工作联系人制度，各垦区设立联系人，配合农业农村部农垦局开展农垦经济发展质量监测评估。中国农业科学院农业信息研究所农业监测预警团队，设立工作小组，协助领导小组开展相关工作。

6.2 加强技术培训

农业农村部农垦局定期组织农垦经济发展质量监测技术培训，针对统计调查制度、技术方案、流程步骤等内容，对垦区主管部门统计人员和基层农场、企业统计人员，开展技术指导，提高监测统计人员业务能力。各垦区主管部门做好人员组织工作，建立稳定的监测统计队伍，保障监测工作的连续性。

6.3 加强监督管理

各垦区（垦区集团）主管部门对评价指标数据的真实性负主要责任，科学采集指标数据，严禁虚报数据。明确数据审核责任人，强化监督检查。农业农村部农垦局加强监测评价工作监督管理，对虚报数据的垦区，视情节予以通报批评。

6.4　加强宣传交流

利用报纸、网站、信息系统、新媒体等渠道，发布农垦经济发展质量监测评估的动态热点、趋势导向、典型案例。每年适时召开农垦经济运行管理座谈会，对本年度农垦经济发展质量做出总结。邀请不同垦区、农场、农垦企业代表参会，分享农垦高质量发展经验。

附　件

附件 1　农场和企业监测点

农场监测点

垦　区	拟监测农场（及农场公司）
北京市首农食品集团有限公司	北京市北郊农场有限公司
	北京市南郊农场有限公司
	北京市西郊农场有限公司
天津食品集团有限公司	天津农垦渤海农业集团有限公司
光明食品（集团）有限公司	光明食品集团上海崇明农场有限公司
	光明食品集团上海农场有限公司
	光明食品集团上海五四农场有限公司
江苏省农垦集团有限公司	江苏省东辛农场
	江苏省云台农场
	江苏省国营白马湖农场
	江苏省农垦弶港农场有限公司
	江苏省淮海农场
安徽省农垦集团有限公司	安徽省农垦集团华阳河农场有限公司
	安徽省农垦集团水家湖农场有限公司（合并）
	安徽省龙亢农场有限公司
	安徽省农垦集团砀山果园场有限公司
广东省农垦集团公司	湛江农垦东方红农场
	广东省火炬农场
	广东省新时代农场
	广东晨光农场
广西农垦集团有限责任公司	广西农垦明阳农场有限公司
	广西农垦金光农场有限公司
	广西农垦西江农场有限公司
	广西农垦良丰农场有限公司
	广西农垦良圻农场有限公司

续表

垦　区	拟监测农场（及农场公司）
海南省农垦投资控股集团有限公司	海南农垦东新农场有限公司
	海南农垦南金农场有限公司
	海南农垦西培农场有限公司
	海南省国营西达农场
陕西省农垦集团有限责任公司	陕西省农垦集团华阴农场有限责任公司
	陕西省农垦集团沙苑农场有限责任公司
	陕西农垦集团朝邑农场有限责任公司
	陕西农垦集团大荔农场有限责任公司
	陕西省延安市南泥湾农场
甘肃省农垦集团有限责任公司	甘肃省国营八一农场
	甘肃农垦永昌农场有限公司
	甘肃省黑土洼农场有限责任公司
	甘肃农垦西湖农场
宁夏农垦集团有限公司	宁夏农垦前进农场有限公司
	宁夏农垦暖泉农场有限公司
云南省农垦局	国营思茅农场
	国营勐捧农场
	云南省国营澜沧勐根茶场
黑龙江农垦总局	黑龙江省香坊实验农场
	黑龙江省查哈阳农场
	黑龙江省八五二农场
	黑龙江省八五七农场
	黑龙江省七星农场
	黑龙江省前进农场
	黑龙江省五九七农场
	黑龙江省八五八农场
	黑龙江省克山农场
	黑龙江省勤得利农场
	黑龙江省胜利农场
	黑龙江省创业农场
	黑龙江省军川农场
	黑龙江省八五三农场

续表

垦　区	拟监测农场（及农场公司）
黑龙江农垦总局	黑龙江省八五六农场
	黑龙江省梧桐河农场
	黑龙江省铁力农场
	黑龙江省共青农场
	黑龙江省延军农场
河北省农业农村厅农垦局	河北省国营柏各庄农场
	河北省汉沽农场
	承德市国营鱼儿山牧场
	国营保定农场
内蒙古自治区农牧业厅	呼伦贝尔集团谢尔塔拉农场
	呼伦贝尔集团拉布大林农牧场
	巴彦淖尔市磴口县哈腾套海农场
	科左后旗国有胜利农场
辽宁省农业农村厅	东港市五四农场
	盘锦中尧农垦集团有限公司
	沈阳市光辉实业公司
	北镇市新立农场实业有限公司
浙江省国有农场管理总站	龙游县团石农垦场
	三门县凤凰山农垦场
	嵊州市茶场
	临海市蚕种场
福建省农业厅农垦处	福建省程溪农场
	云霄和平农场
	永春县农场
	福州江洋农场
江西省农垦事业管理办公室	共青城市农垦集团有限公司
	新余市国营南英综合垦殖场
	信丰县金盆山林场金盆山分场
	国营乐平市梅岩综合垦殖场
河南省农业厅农场管理局	河南省博农实业集团有限公司
	河南省兆丰种业
	河南省国营武陟农场
	孟津县国营农场

续表

垦　区	拟监测农场（及农场公司）
湖北省农业农村厅	湖北省国营三湖农场
	湖北省国营五三农场
	人民大垸农场
	湖北省车河农场
湖南省农业农村厅农垦处	湖南省常德市国营西洞庭农场
	湖南丰润农业发展有限责任公司
四川省农业农村厅农场管理局	四川省元顶子茶场
	青川县园艺场
	乐山市杨河茶业有限责任公司
	四川省宜宾天宫茶业有限责任公司
新疆维吾尔自治区农业厅地方国有农场管理局	岳普湖县农场
	阿克苏地区红旗坡农场
	库尔勒市库尔楚园艺场
	塔城市园艺场
	新疆巴州阿瓦提农场
新疆维吾尔自治区畜牧厅	新疆博州温泉县呼和托哈种畜场
	新疆维吾尔自治区地方国营乌鲁木齐种牛场
	伊犁哈萨克自治州昭苏马场
贵州省农业委员会农垦管理处	贵州省清镇农牧场生态发展有限公司
山西省农业厅农垦局	山西省方山肉牛场
	临汾尧都区奶牛场
	长治市果树场
	山西省襄垣农牧场
吉林省农业农村厅农垦局	通榆县双岗鹿场农牧有限公司
	白城市保民农业发展（集团）有限公司
	大安市东方红农场
	公主岭市鹿场
山东省农业农村厅农垦局	山东济宁南阳湖农场有限公司
	寿光市清水泊农场有限公司
青海省农牧厅农垦局	青海省牧草良种繁殖场
	青海柴达木农垦莫河骆驼场有限公司

企业监测点

垦　　区	拟监测企业
北京市首农食品集团有限公司	北京京粮物流有限公司
	北京二商大红门肉类食品有限公司
	北京三元酒店管理有限责任公司
天津食品集团有限公司	天津农垦红光有限公司
	天津利达粮油有限公司
	天津市农垦房地产开发建设有限公司
	天津农垦宏益联投资有限公司
	天津市利民调料有限公司
光明食品（集团）有限公司	上海市糖业烟酒（集团）有限公司
	光明乳业股份有限公司
	上海梅林正广和股份有限公司
	光明房地产集团股份有限公司
	上海良友（集团）有限公司
	农工商超市（集团）有限公司
	上海益民食品一厂（集团）有限公司
	上海蔬菜（集团）有限公司
	上海水产集团有限公司
江苏省农垦集团有限公司	江苏正大天晴药业股份有限公司
	江苏省农垦农业发展股份有限公司（合并）
	江苏省农垦棉业有限公司
	连云港苏垦农友种苗有限公司
安徽省农垦集团有限公司	安徽省通和房地产集团有限公司
	安徽皖垦种业股份有限公司
	安徽皖垦茶业集团有限公司
	安徽省农垦农产品有限公司（合并）
广东省农垦集团公司	广东省广垦橡胶集团有限公司
	广东广垦糖业集团有限公司
	广东省燕塘投资有限公司
	阳西县广垦绿园肥业有限公司
	茂名市名富置业投资有限公司

续表

垦　区	拟监测企业
广西农垦集团有限责任公司	广西糖业集团有限公司
	广西农垦明阳生化集团股份有限公司
	广西桂垦牧业有限公司
	广西剑麻集团有限公司
	广西农垦茶业集团有限公司
海南省农垦投资控股集团有限公司	海南农垦神泉集团
	海南天然橡胶产业集团股份公司
	海南省农垦五指山茶业集团股份有限公司
	海南农垦草畜产业有限公司
甘肃省农垦集团有限责任公司	甘肃亚盛实业（集团）股份有限公司
	甘肃莫高实业发展股份有限公司
	甘肃黄羊河农工商（集团）有限公司
宁夏农垦集团有限公司	宁夏农垦贺兰山奶业有限公司
	宁夏沙湖旅游股份有限公司沙湖旅游分公司
	宁夏农垦平吉堡生态庄园有限公司
	宁夏农垦贺兰山生物肥料有限责任公司
云南农垦集团有限责任公司	云南天然橡胶产业集团有限公司
	云南农垦集团兴农农业投资有限公司
	云南农垦物流有限公司
	云南花卉产业投资管理有限公司
	云南农垦产业研究院有限公司
黑龙江农垦总局	九三粮油工业集团有限公司
	黑龙江北大荒种业集团有限公司
	北大荒粮食集团有限公司
	黑龙江北大荒药业有限公司
	北大荒丰缘集团有限公司
	黑龙江省完达山乳业股份有限公司
河北省农业农村厅农垦局	中捷友谊农场集团有限公司
	河北保定农垦总公司
	海兴海农农业开发有限公司
	张家口市交投农业黄城开发有限公司

续表

垦 区	拟监测企业
内蒙古自治区农牧业厅	呼伦贝尔农垦集团农垦物资石油有限公司
	呼伦贝尔农垦集团合适佳有限公司
辽宁省农业农村厅	大连三寰集团有限公司
浙江省国有农场管理总站	绍兴市越州茶业有限公司
福建省农业厅农垦处	福建农垦茶业有限公司
	福州市农垦种禽有限责任公司
江西省农垦事业管理办公室	江西云山集团有限责任公司
	江西恒丰企业集团
	江西九江茅山头企业集团公司
	江西德胜企业集团
河南省农业厅农场管理局	河南省黄泛区实业集团有限公司
	孟州市华兴有限责任公司
湖北省农业农村厅	湖北省丰之喜农业生态发展有限公司
	湖北农业联丰现代农业集团公司
湖南省农业农村厅农垦处	永州市回龙圩管理区农垦集团公司
重庆市农业投资集团有限公司	中垦乳业股份有限公司
	重庆宏帆实业集团有限公司
	重庆农投肉食品有限公司
四川省农业农村厅农场管理局	四川西昌农垦有限责任公司
青海省农牧厅农垦局	青海省格尔木农垦（集团）有限公司
新疆维吾尔自治区畜牧厅	新疆呼图壁种牛场有限公司
	新疆巩乃斯种羊场有限公司
贵州省农业委员会农垦管理处	贵阳市农业农垦投资发展集团有限公司
	贵阳三联乳业有限公司
	贵州省红枫湖畜禽水产有限公司
吉林省农业农村厅农垦局	乾安县大遇畜牧场农业综合开发有限公司
广州农垦	广州越秀风行食品集团有限公司
南京农垦	南京农垦产业（集团）有限公司

附件 2　全国农垦经济发展质量及影响力监测报表

垦区监测年度报表

填报单位：

指标名称	代码	计量单位	数量
一、垦区基本情况			
（一）垦区本年平均从业人员数	01	人	
第一产业	02	人	
第二产业	03	人	
第三产业	04	人	
（二）垦区资产情况			
资产总额	05	万元	
固定资产投资完成额	06	万元	
（三）科技创新情况			
科技研发人员数	07	人	
科技研发投入	08	万元	
（四）品牌建设情况			
入选中国农业品牌目录品牌数[①]	09	个	
（五）农业产业园区情况[②]			
农业产业园数	10	个	
产业园带动农户数	11	户	
（六）外贸情况			
1.外贸出口供货商品金额	12	万元	
农产品	13	万元	
林产品	14	万元	
畜产品	15	万元	
水产品	16	万元	
工业品	17	万元	
2.外贸出口国家及地区	18	—	

续表

指标名称	代码	计量单位	数量
一、垦区基本情况			
（七）境外投资及经营情况			
1. 企业境外投资情况			
企业境外投资总额	19	万元（人民币）	
我方投资额	20	万元（人民币）	
外方投资额	21	万元（人民币）	
企业境外投资国家及地区	22	—	
2. 企业境外经营情况			
企业境外营业收入总额	23	万元（人民币）	
企业境外营业利润总额	24	万元（人民币）	
（八）获得财政扶持资金总额	25	万元	
基本建设性资金	26	万元	
生产发展性资金	27	万元	
社会保障性资金	28	万元	
二、垦区生产条件基本情况			
（一）耕地面积	01	亩	
高标准农田面积	02	亩	
（二）有效灌溉面积	03	亩	
节水灌溉面积	04	亩	
（三）肥料、农药施用情况			
1. 测土配方施肥面积	05	亩	
2. 农用化肥施用量			
实物量	06	千克	
折纯量	07	千克	
3. 农药施用量	08	千克	
（四）农业机械化情况			
1. 机耕面积	09	亩	
实际需要耕种总面积	10	亩	
2. 机播面积	11	亩	
实际农作物播种总面积	12	亩	
3. 机收面积	13	亩	

续表

指标名称	代码	计量单位	数量
二、垦区生产条件基本情况			
实际农作物收获总面积	14	亩	
（五）物资和能源消费情况			
1. 能源消费[③]	15	吨标准煤	
2. 热力消费	16	吨标准煤	
三、绿色、有机食品生产情况			
（一）已认证绿色食品产量	01	吨	
农业	02	吨	
渔业	03	吨	
畜牧业	04	吨	
加工品	05	吨	
（二）已认证有机食品产量	06	吨	
农业	07	吨	
渔业	08	吨	
畜牧业	09	吨	
加工品	10	吨	

单位负责人：　　　　　　　　　　统计负责人：

填表人：　　　　　　　　　　报出日期：20　年　月　日

说明：

①中国农业品牌目录指由中国农产品市场协会发布的中国农业品牌，包括农产品区域公用品牌、企业品牌和农产品品牌三类。

②农业产业园区是指经省级或国家级批准划定的产业园。

③能源消费包括原煤、焦炭、汽油、柴油、电力、燃气及其他能源。

垦区监测季度报表

填报单位：

指标名称	代码	计量单位	数量
一、垦区经营及产值情况			
（一）垦区期末从业人员数	01	人	
第一产业	02	人	
第二产业	03	人	
第三产业	04	人	
（二）垦区经营情况			
垦区生产总值（现价）	05	万元	
第一产业增加值	06	万元	
第二产业增加值	07	万元	
工业增加值	08	万元	
第三产业增加值	09	万元	
负债总额	10	万元	
营业总收入	11	万元	
利润总额	12	万元	
上缴税金总额	13	万元	
从业人员工资总额	14	万元	
（三）产值（现价）			
农林牧渔业总产值	15	万元	
农业产值	16	万元	
林业产值	17	万元	
牧业产值	18	万元	
渔业产值	19	万元	
农林牧渔专业及辅助性活动产值	20	万元	
农产品加工业产值	21	万元	
休闲农业与观光农业产值	22	万元	
二、垦区主要农作物生产情况			
农作物总播种面积	01		—
（一）粮食作物	02		
1.谷物	03		
稻谷	04		
小麦	05		
玉米	06		

续表

指标名称	代码	计量单位	数量
二、垦区主要农作物生产情况			
2. 豆类	07		
大豆	08		
3. 薯类	09		
（二）油料	10		
1. 花生	11		
2. 油菜籽	12		
（三）棉花	13		
（四）糖类	14		
1. 甘蔗	15		
2. 甜菜	16		
（五）干胶	17		
境外干胶	18		
（六）剑麻（按纤维计算）	19		
三、垦区主要畜产品、水产品生产情况			
（一）肉类	01	万吨	
1. 猪肉	02	万吨	
2. 牛肉	03	万吨	
3. 羊肉	04	万吨	
4. 禽肉	05	万吨	
（二）牛奶	06	万吨	
（三）水产品	07	吨	
养殖水产品	08	吨	
四、垦区农作物种业生产情况			
种子合计	01		—
（一）原种	02		—
（二）良种	03		—
水稻	04		
小麦	05		
玉米	06		
大豆	07		

单位负责人：　　　　　　　　　　统计负责人：

填表人：　　　　　　　　　　报出日期：20　年　月　日

农场监测年度报表（一）

填报单位：

指标名称	代码	计量单位	数量
一、农场生产及人员技术水平基本情况			
（一）农场本年平均从业人员数	01	人	
第一产业	02	人	
（二）农场资产情况			
资产总额	03	万元	
固定资产投资完成额	04	万元	
（三）农场土地总面积	05	亩	
1. 耕地面积	06	亩	
水田	07	亩	
高标准农田面积	08	亩	
牧草地面积	09	亩	
林地面积	10	亩	
2. 水面面积	11	亩	
可养殖水面面积	12	亩	
3. 茶果桑园面积	13	亩	
（四）农田灌溉水利用情况			
1. 有效灌溉面积	14	亩	
节水灌溉面积	15	亩	
2. 农田灌溉水有效利用率	16	%	
（五）肥料、农药施用情况			
1. 测土配方施肥面积	17	亩	
2. 农用化肥施用量			
实物量	18	千克	
折纯量	19	千克	
3. 农药施用量	20	千克	
（六）农业机械化情况			
1. 机耕面积	21	亩	

续表

指标名称	代码	计量单位	数量
一、农场生产及人员技术水平基本情况			
实际需要耕种总面积	22	亩	
2. 机播面积	23	亩	
实际农作物播种总面积	24	亩	
3. 机收面积	25	亩	
实际农作物收获总面积	26	亩	
（七）规模化生产情况			
1. 土地适度规模经营面积①	27	亩	
2. 畜禽规模化养殖比重②	28	%	
（八）人员技术水平情况			
持专业证书的农业从业人员数	29	人	
大专学历以上农业从业人员数	30	人	
（九）获得财政扶持资金总额	31	万元	
基本建设性资金	32	万元	
生产发展性资金	33	万元	
社会保障性资金	34	万元	
二、农场经营效益情况			
净资产收益率	01	%	
销售（营业）利润率	02	%	
成本费用利润率	03	%	
资本收益率	04	%	
销售（营业）增长率	05	%	

单位负责人：　　　　　　　　　　　统计负责人：

填表人：　　　　　　　　　　　　　报出日期：20　年　月　日

说明：

① 土地适度规模经营指单个经营面积达到 500 亩（含）以上。

② 畜禽规模化养殖指规模养殖场（小区）达到生猪常年存栏 500 头及以上；肉牛常年出栏 100 头及以上；奶牛常年存栏 100 头及以上；肉羊常年出栏 300 头及以上；肉鸡常年出栏 10 000 只及以上；蛋鸡常年存栏 10 000 只及以上。

农场监测年度报表（二）

指标名称	代码	计量单位	品种 1	品种 2	品种 3
一、农场主要农作物生产成本情况					
主要农作物品种①	01	—			
总成本合计	02	元 / 亩			
（一）生产成本	03	元 / 亩			
1. 物质与服务费用	04	元 / 亩			
直接费用②	05	元 / 亩			
间接费用③	06	元 / 亩			
2. 人工成本	07	元 / 亩			
雇工费用	08	元 / 亩			
家庭用工折价	09	元 / 亩			
（二）土地成本	10	元 / 亩			
流转地租金	11	元 / 亩			
自营地折租	12	元 / 亩			
二、农场主要畜产品生产成本情况					
主要畜产品品种④	01	—			
总成本合计	02	元 / 头			
（一）生产成本	03	元 / 头			
1. 物质与服务费用	04	元 / 头			
直接费用⑤	05	元 / 头			
间接费用⑥	06	元 / 头			
2. 人工成本	07	元 / 头			
雇工费用	08	元 / 头			
家庭用工折价	09	元 / 头			
（二）土地成本	10	元 / 头			

续表

指标名称	代码	计量单位	品种 1	品种 2	品种 3
三、农场主要加工品加工仓储情况[⑦]					
主营产品品种[⑧]	01	—			
年加工能力	02	吨			
单位加工成本	03	元 / 吨			
仓储能力	04	吨			

单位负责人： 　　　　　　　　　　统计负责人：

填表人： 　　　　　　　　　　　　报出日期：20　年　月　日

说明：

① 农作物生产成本按实际种植品种填报，由农场从以下品种中选择填报：稻谷、小麦、玉米、大豆、花生、油菜籽、棉花、甘蔗、甜菜、干胶、剑麻。

② 农作物生产物质与服务费中直接费用包括种子费、化肥费、生物肥费、农药费、农膜费、租赁作业费、燃料动力费、技术服务费、工具材料费、维修护理费及其他直接费。

③ 农作物生产物质与服务费中间接费用包括固定资产折旧、保险费、管理费、财务费、销售费。

④ 畜产品生产成本按实际养殖品种填报，由农场从以下品种中选择填报：猪、肉牛、奶牛、绵羊、山羊、家禽。

⑤ 畜产品生产物质与服务费中直接费用包括仔畜费、精饲料费、青粗饲料费、饲料加工费、水费、燃料动力费、医疗防疫费、死亡损失费、技术服务费、工具材料费、维修护理费及其他直接费。

⑥ 畜产品生产物质与服务费中间接费用包括固定资产折旧、保险费、管理费、财务费、销售费。

⑦ 由具有农产品加工仓储能力的农场填报。

⑧ 农场主要加工品加工仓储情况按实际主营产品填报，由农场从以下品种中选择填报：小麦粉、大米、饲料、精制食用植物油、成品糖、鲜冷藏肉（猪肉、牛肉、羊肉、禽肉）、乳制品、纱、干胶。

填报单位：

农场监测季度报表（一）

填报单位：

指标名称	代码	计量单位	数量
农场经营情况			
期末从业人员数	01	人	
营业总收入	02	万元	
利润总额	03	万元	
上缴税金总额	04	万元	
从业人员工资总额	05	万元	
负债总额	06	万元	

单位负责人：　　　　　　　　　统计负责人：

填表人：　　　　　　　　　　　报出日期：20　年　月　日

农场监测季度报表（二）

填报单位：

指标名称	代码	播种面积（亩）	总产量（吨）	良种率（%）
一、农场主要农作物生产情况				
（一）粮食作物	01			—
1.谷物	02			—
稻谷	03			
小麦	04			
玉米	05			
2.豆类	06			—
大豆	07			
3.薯类	08			—
（二）油料	09			—
1.花生	10			
2.油菜籽	11			
（三）棉花	12			
（四）糖类	13			—
1.甘蔗	14			
2.甜菜	15			
（五）干胶	16			—
境外干胶	17			—
（六）剑麻（按纤维计算）	18			—

二、农场主要畜产品、水产品生产情况				
指标名称	代码	计量单位	产量	
（一）肉类	01	吨		
1.猪肉	02	吨		
2.牛肉	03	吨		
3.羊肉	04	吨		
4.禽肉	05	吨		
（二）牛奶	06	吨		
（三）水产品	07	吨		
养殖水产品	08	吨		

续表

三、农场主要加工品生产销售情况①

指标名称	代码	总产量	销售量
小麦粉	01	吨	吨
大米	02	吨	吨
饲料	03	吨	吨
精制食用植物油	04	吨	吨
成品糖	05	吨	吨
乳制品	06	吨	吨
液态乳	07	吨	吨
乳粉	08	吨	吨
纱	09	吨	吨
干胶	10	吨	吨

单位负责人：　　　　　　　　　　统计负责人：

填表人：　　　　　　　　　　　　报出日期：20　年　月　日

说明：

① 由具有农产品加工仓储能力的农场填报。

农场监测季度报表（三）

填报单位：

指标名称	代码	计量单位	平均价格①
一、农场主要农作物价格情况			
（一）粮食作物			
1. 谷物			
稻谷	01	元/斤	
小麦	02	元/斤	
玉米	03	元/斤	
2. 豆类			
大豆	04	元/斤	
（二）油料			
1. 花生	05	元/斤	
2. 油菜籽	06	元/斤	
（三）棉花	07	元/吨	
（四）糖类			
1. 甘蔗	08	元/吨	
2. 甜菜	09	元/吨	
（五）干胶	10	元/吨	
境外干胶	11	元/吨	
（六）剑麻（按纤维计算）	12	元/吨	
二、农场主要畜产品价格情况			
（一）肉类			
1. 活猪	01	元/斤	
2. 活牛	02	元/斤	
3. 活羊	03	元/斤	
4. 活鸡	04	元/斤	
（二）牛奶			
生乳	05	元/吨	

指标名称	代码	计量单位	平均价格①
三、农场主要加工品价格情况			
小麦粉			
通用小麦粉	01	元/斤	
大米	02	元/斤	
精制食用植物油			
大豆油	03	元/斤	
花生油	04	元/斤	
菜籽油	05	元/斤	
成品糖			
白砂糖	06	元/斤	

单位负责人： 统计负责人：

填表人： 报出日期：20 年 月 日

说明：

① 平均价格指农场出售某类农产品的季度平均价格。

企业监测年度报表

填报单位：

指标名称	代码	计量单位	数量或选项
一、企业基本情况			
（一）基本情况			
产业类型①	01	—	（农林牧渔业 / 采矿业 / 制造业 / 电力、热力、燃气及水生产和供应业 / 建筑业 / 批发和零售业 / 交通运输、仓储和邮政业 / 住宿和餐饮业 / 信息传输、软件和信息技术服务业 / 金融业 / 房地产业 / 租赁和商务服务业 / 科学研究和技术服务业 / 水利、环境和公共设施管理业 / 居民服务、修理和其他服务业 / 教育 / 卫生和社会工作 / 文化、体育和娱乐业）
企业类型②	02	—	（生产加工型 / 市场流通型 / 农产品批发市场）
是否为混合所有制企业	03	—	
信用等级③	04	—	
是否为上市公司	05	—	
累计上市融资额④	06	万元	
（二）企业本年平均从业人员数	07	人	
第一产业	08	人	
第二产业	09	人	
第三产业	10	人	
（三）企业资产总额	11	万元	
（四）科技创新及质量情况			
科技研发人员数	12	人	
科技研发投入	13	万元	
是否通过 ISO 9000、HACCP 等质量认证	14	—	
（五）外贸情况			
外贸出口供货商品金额	15	万元	
外贸出口国家及地区	16	—	

续表

指标名称	代码	计量单位	数量或选项
一、企业基本情况			
（六）境外投资及经营情况			
1.企业境外投资情况			
企业境外投资总额	17	万元（人民币）	
我方投资额	18	万元（人民币）	
外方投资额	19	万元（人民币）	
企业境外投资国家及地区	20	——	
2.企业境外经营情况			
企业境外营业收入总额	21	万元（人民币）	
企业境外营业利润总额	22	万元（人民币）	
（七）获得财政扶持资金总额	23	万元	
基本建设性资金	24	万元	
生产发展性资金	25	万元	
社会保障性资金	26	万元	
二、固定资产投资完成情况			
（一）本年完成投资总额	01	万元	
第一产业	02	万元	
第二产业	03	万元	
第三产业	04	万元	
（二）资金来源合计	05	万元	
国家预算内资金	06	万元	
国内贷款	07	万元	
利用外资	08	万元	
自筹资金	09	万元	
其他资金	10	万元	
（三）当年新增固定资产	11	万元	

续表

指标名称	代码	计量单位	数量或选项
三、企业经营效益及财务情况			
净资产收益率	01	%	
总资产报酬率	02	%	
销售（营业）利润率	03	%	
成本费用利润率	04	%	
资本收益率	05	%	
总资产周转率	06	次	
流动资产周转率	07	次	
资产负债率	08	%	
速动比率	09	%	
销售（营业）增长率	10	%	
资本保值增值率	11	%	
技术投入比率	12	%	
四、企业主要产品加工仓储及流通情况⑤			
主营产品名称⑥	01	—	
年加工能力	02	吨	
单位加工成本	03	元 / 吨	
仓储能力	04	吨	
流通能力	05	吨	

单位负责人：　　　　　　　　　　统计负责人：

填表人：　　　　　　　　　　报出日期：20　年　月　日

说明：

① 产业类型从以下分类中选择填报：农林牧渔业 / 采矿业 / 制造业 / 电力、热力、燃气及水生产和供应业 / 建筑业 / 批发和零售业 / 交通运输、仓储和邮政业 / 住宿和餐饮业 / 信息传输、软件和信息技术服务业 / 金融业 / 房地产业 / 租赁和商务服务业 / 科学研究和技术服务业 / 水利、环境和公共设施管理业 / 居民服务、修理和其他服务业 / 教育 / 卫生和社会工作 / 文化、体育和娱乐业。

② 企业类型仅针对涉农企业填写，从以下分类中选择填报：生产加工型 / 市场流通型 / 农产品批发市场。

③ 信用等级指银行或有关机构为企业评定的信用等级，没有评定的不填写。

④ 累计上市融资额仅针对上市公司填写。

⑤ 由农产品加工、仓储及物流企业填报。

⑥ 企业主要产品加工仓储情况按实际主营产品填报，由企业从以下品种中选择填报：小麦粉、大米、饲料、精制食用植物油、成品糖、鲜冷藏肉（猪肉、牛肉、羊肉、禽肉）、

乳制品、纱、干胶。

企业监测季度报表（一）

指标名称	代码	计量单位	数量
企业经营情况			
期末从业人员数	01	人	
营业总收入	02	万元	
利润总额	03	万元	
上缴税金总额	04	万元	
从业人员工资总额	05	万元	
负债总额	06	万元	
电商交易额	07	万元	
其中，自有电商平台交易额	08	万元	

单位负责人：　　　　　　　　　　统计负责人：

填表人：　　　　　　　　　　　　报出日期：20　年　月　日

企业监测季度报表（二）

填报单位：

指标名称	代码	总产量	销售量
工业企业主要产品生产销售情况			
小麦粉	01	吨	吨
大米	02	吨	吨
饲料	03	吨	吨
精制食用植物油	04	吨	吨
成品糖	05	吨	吨
鲜、冷藏肉	06	吨	吨
猪肉	07	吨	吨
牛肉	08	吨	吨
羊肉	09	吨	吨
禽肉	10	吨	吨
乳制品	11	吨	吨
液态乳	12	吨	吨
乳粉	13	吨	吨
纱	14	吨	吨
干胶	15	吨	吨

单位负责人：　　　　　　　　　统计负责人：

填表人：　　　　　　　　　　　报出日期：20　年　月　日

企业监测季度报表（三）

填报单位：

指标名称	代码	计量单位	平均价格①
工业企业主要产品价格情况			
小麦粉			
通用小麦粉	01	元/斤	
大米	02	元/斤	
精制食用植物油			
大豆油	03	元/斤	
花生油	04	元/斤	
菜籽油	05	元/斤	
成品糖			
白砂糖	06	元/斤	
鲜、冷藏肉		—	
猪肉	05	元/斤	
牛肉	06	元/斤	
羊肉	07	元/斤	
白条鸡	08	元/斤	
乳制品			
生乳	09	元/吨	
干胶	10	元/吨	

单位负责人：　　　　　　　　　统计负责人：

填表人：　　　　　　　　　　　报出日期：20　年　月　日

说明：

① 平均价格指企业出售某类农产品的季度平均价格。

附件 3　指标解释

垦区监测年度报表指标解释

资产总额：指企业过去的交易或者事项形成的、由企业拥有或者控制的、预期会给企业带来经济利益的资源。资产一般按流动性（资产的变现或耗用时间长短）分为流动资产和非流动资产，为企业资产负债表的资产总计项。

固定资产投资完成额：指以货币形式表现的在本期调查范围内建造和购置固定资产的工作量以及与此有关的费用的总称。即在物质资料的生产过程中，用来建造和购置影响或改变劳动对象的主要物品的资金。

科技研发人员数：指报告期单位从事基础研究、应用研究和试验发展活动的人员数量。包括：①直接参加上述三类研发活动的人员；②与上述三类研发活动相关的管理人员和直接服务人员，即直接为研发活动提供资料文献、材料供应、设备维护等服务的人员。不包括为研发活动提供间接服务的人员，如餐饮服务、安保人员等。

科技研发投入：即研发经费支出，指报告期为实施研发活动而实际发生的全部经费支出，是基础研究、应用研究和试验发展三类项目以及这三类项目的管理和服务费用的总支出。不论经费来源渠道、经费预算所属时期、项目实施周期，也不论经费支出是否构成对应当期收益的成本，只要报告期发生的经费支出均应统计。其中，与研发活动相关的固定资产，仅统计当期为固定资产建造和购置花费的实际支出，不统计已有固定资产在当期的折旧。研发经费支出以当年价格进行统计。为避免重复计算，全社会研发经费为调查单位研发经费内部支出的合计。

中国农业品牌目录：指由中国农产品市场协会发布的中国农业品牌，包括农产品区域公用品牌、企业品牌和农产品品牌三类。

农业产业园区：指现代农业在空间地域上的聚集区，是在具有一定资源、产业和区位等优势的农区内划定相对较大的地域范围优先发展现代农业。

外贸出口供货商品金额：指企业交给外贸部门或自营（委托）出口（包括销往中国香港、澳门、台湾），用外汇价格结算的产品价值，以及外商来样、来料加工、来件装配和补偿贸易等生产的产品价值。在计算出口交货值时，外汇价格按交易时的汇率折成人民币计算。

企业境外投资：中华人民共和国境内企业直接或通过其控制的境外企业，以投入资产、权益或提供融资、担保等方式，获得境外所有权、控制权、经营管理权及其他相关权益的投资活动。

获得财政扶持资金总额：指企业获得政府补助、奖励、贷款贴息等各类扶持资金的总额。

耕地面积：指能够种植农作物并经常进行耕锄的土地，是最主要的农业生产用地。包括熟地、当年新开荒地、连续撂荒未满 3 年随时可以复耕的地、当年休闲地（轮歇地）和以种植农作物为主并附带种植零星桑树、茶树、果树和其他林木的土地，以及沿海、沿湖地区已围垦利用 3 年的"海涂""湖田"等。南方小于 1 米、北方小于 2 米宽的沟、渠、路、田埂等也包括在内。但不包括专业性的桑园、茶园、果园、果木苗圃、林地、芦苇地和天然草场及以混凝土等铺设的温室、玻璃室，导致栽培的植物体与地面隔绝的基地等。

高标准农田面积：指报告期内已经建成的、符合《国家农业综合开发高标准农田建设示范工程建设标准》的农田面积。高标准农田建设示范工程应达到田地平整肥沃、水利设施配套、田间道路畅通、林网建设适宜、科技先进适用、优质高产高效的总体目标。

有效灌溉面积：指具有一定水源，地块比较平整，灌溉工程或设备已经配套，在一般年景下能够进行正常灌溉的耕地面积。统计时应注意下列问题：①灌溉工程或设备已经配套，可以灌溉，但由于雨水不及时或所种作物不需要灌溉等原因，当年没有进行灌溉的，应统计为有效灌溉面积。②灌溉工程或设备不配套（如只有深水井，没有安装机器）、渠系不健全（如只有水库，没有修渠）、地块不平整，当年不能发挥灌溉效益的灌溉面积，不应统计为有效灌溉面积。③北方地区没有灌溉工程或设备的引洪淤灌的耕地面积，不应统计为有效灌溉面积。④南方地区没有灌溉工程或设备，完全靠雨蓄水的"冬水田""望天田""雷响田"等水田面积，不应统计为有效灌溉面积。⑤没有灌溉工程或设备，遇到旱年临时抗旱点种的耕地面积，不应统计为有效灌溉面积。⑥原有的灌溉工程或设备，由于受到破坏等原因不能起灌溉作用，这部分耕地面积不应统计为有效灌溉面积。

节水灌溉面积：指在农田作物播种及田间管理环节，利用管道喷、滴、渗灌及用拖拉机节水箱和喷、滴、灌设备进行节水灌溉的面积（播种面积）。不包括防渗渠道的灌溉面积。

测土配方施肥面积：指以土壤测试和肥料田间试验为基础，采取测土配方施肥的耕地面积。

农用化肥施用量：指本年度内实际用于农业生产的化学肥料数量，包括氮肥、磷肥、钾肥和复合肥。折纯量为各类化学肥料的实际施用数量按其含氮、含五氧化二磷、含氧化钾的比例折成百分数计算。公式为：折纯量 = 实物量 × 某种化肥有效成分含量的百分比。

农药施用量：指在农业生产过程中为防治病虫害使用的化学药物数量，包括购买的和自产自用的杀虫剂、杀菌剂、除草剂、杀螨剂以及其他化学农药，但不包括兽药、渔业用药以及土农药。

机耕面积：指本年度内曾经利用拖拉机或其他动力机械（如机耕船）耕翻或旋耕、深松过的实有耕地面积（自然面积）。其面积不能重复统计，如在 1 公顷耕地上，当年不论耕翻几次仍做 1 公顷统计。

实际需要耕种总面积：等于实际耕地面积减去当年未进行耕作作业的耕地面积和免耕作业的耕地面积。

机播面积：指用农用动力机械驱动播种机、移栽机、水稻插秧机等在本年度内播种、栽插各种作物的实际作业面积。

机收面积：指当年使用联合收获机和收割（割晒）机等机械实际收获各

种农作物的面积。不论什么农作物，机械收获 1 公顷就统计为 1 公顷。

能源消费：指本单位在各种经营及业务活动中消费的能源总和，包括原煤、焦炭、汽油、柴油、电力、燃气及其他能源，折算成吨标准煤。

热力消费：指本单位在集中供热中的耗热量和集中供冷中的耗冷量之和，折算成吨标准煤。

能源消费采用折标系数

指标名称	计量单位	当量折标系数
原煤	吨	0.714 3
洗精煤	吨	0.900 0
其他洗煤	吨	0.464 3
煤制品	吨	0.528 6
焦炭	吨	0.971 4
润滑油	吨	1.414 3
原油	吨	1.428 6
汽油	吨	1.471 4
煤油	吨	1.471 4
柴油	吨	1.457 1
燃料油	吨	1.428 6
液化石油气	吨	1.714 3
热力	百万千焦	0.034 1
电力	万千瓦时	1.229
其他燃料	吨标准煤	1

已认证绿色食品：指遵循可持续发展原则，按照特定的生产方式生产，经专门机构认定，许可使用绿色食品商标标志，无污染的安全、优质、营养类食品。

已认证有机食品：指来自有机农业生产体系，根据国际有机农业生产规范生产加工，并通过独立的有机食品认证机构认证的农副产品。确认为纯天然、无污染、安全营养的食品也可称为生态食品。

垦区监测季度报表指标解释

期末从业人员数：指报告期末最后一日在本单位工作，并取得工资或其他形式劳动报酬的人员数。该指标为时点指标，不包括最后一日当天及以前已经与单位解除劳动合同关系的人员，是在岗职工、劳务派遣人员及其他从业人员之和。从业人员不包括：①离开本单位仍保留劳动关系，并定期领取生活费的人员；②在本单位实习的各类在校学生；③本单位因劳务外包而使用的人员，如建筑业整建制使用的人员。

垦区生产总值：指以现价计算的，在一定时期内，垦区所辖范围内所有常住单位全部最终产品和劳务的价值总和。

负债总额：指单位过去的交易或者事项形成的，预期会导致经济利益流出企业的现时义务。负债一般按偿还期长短分为流动负债和非流动负债。

营业总收入：指报告期内单位在从事销售商品，提供劳务和让渡资产使用权等日常经营过程中所形成的经济利益的总流入。

利润总额：指报告期内单位在生产经营过程中各种收入扣除各种耗费后的盈余，反映企业在报告期内实现的亏盈总额，包括营业利润、补贴收入、投资净收益和营业外收支净额。

上缴税金总额：指单位在本期内实际交纳的各种税费总额。包括增值税、消费税、营业税、所得税等。

从业人员工资总额：指根据《关于工资总额组成的规定》（1990 年 1 月 1 日国家统计局发布的一号令）进行修订，本单位在报告期内直接支付给本单位全部从业人员的劳动报酬总额。包括计时工资、计件工资、奖金、津贴和补贴、加班加点工资、特殊情况下支付的工资，是在岗职工工资总额、劳务派遣人员工资总额和其他从业人员工资总额之和。工资总额是税前工资，包括单位从个人工资中直接为其代扣或代缴的房费、水费、电费、住房公积金和社会保险基金个人缴纳部分等。工资总额不论是计入成本的还是不计入成本的，不论是以货币形式支付的还是以实物形式支付的，均应列入工资总额的计算范围。

农林牧渔业总产值：指以现价计算的农林牧渔业全部产品产量。它用价值形式综合反映一定时期农林牧渔业生产的总成和总规模。计算范围指在日历年度内，行政辖区内各种经济类型及各种经营方式所产生的农林牧渔业产品总量。包括国有农场及农场所属的机关、团体、学校、工矿企业等单位以及农场职工生产的产品，但不包括农业科学试验单位作为试验用的农产品生产。

计算方法一般采用"产品法"计算，即凡是有产品产量的，都按产品产量乘以其产品单价求得每一种农产品的产值，然后将五业（农业产值、林业产值、牧业产值、渔业产值、农林牧渔服务业产值）产品的产值相加求得。

农业产值：指从事农作物栽培取得的产品的产值。包括谷物、豆类、油料、棉花、麻类、糖料、烟叶、药材、薯类、蔬菜、瓜类及其他农业产值。都按各产品主副产品的产量乘以单价的办法计算。

（1）谷物产值包括稻谷、小麦、玉米、谷子、高粱及其他谷物等主产品的产值及秸秆、麦衣等副产品的产值。

（2）豆类产值包括大豆和杂豆及其豆秆、豆荚等副产品的产值。大豆包括黄豆、黑豆、青豆，杂豆包括蚕豆、豌豆等。

（3）油料产值包括花生果（带壳的干花生）、油菜籽、芝麻、线麻籽、胡麻籽、向日葵、苏子、蓖麻籽和其他油料作物的产值以及上述油料作物的副产品产值，但不包括木本油料和野生油料的产值。

（4）麻类产值包括黄麻、红麻、苎麻、亚麻、苘麻、线（大）麻、剑麻和其他麻的产值及这些麻的副产品产值，但不包括野生麻类的产值。

（5）糖类作物产值包括甘蔗（含果蔗）的蔗秆产值甜菜的块根产值和甘蔗、甜菜等副产品产值，甜菜不管块根用途如何，都要计算在内。

（6）烟叶产值包括烤烟和晒（土）烟等干烟叶产值。

（7）药材产值指人工种植的各种药材的主、副产品产值。

（8）薯类产值包括甘薯、马铃薯及其他薯类产品的产值及薯藤等副产品的产值，不包括木薯、芋头等。大中城市（50万人以上和省会所在的城市）郊区（市辖区，不包括市辖县）作为蔬菜青吃的毛豆、蚕豆、豌豆和马铃薯（土豆、洋芋）等按蔬菜计算产值。

（9）棉花产值指籽棉和棉秆等主副产品的产值，但不包括木棉。

（10）蔬菜、瓜类产值。

①蔬菜产值按各种蔬菜（包括菜用瓜）的产量乘以该种蔬菜的单位价格进行计算。其中食用菌类产值按各种食用菌类产量（干鲜混合）分别乘以其单价计算。

②瓜类产值按各种果用瓜的产量乘以该瓜的单位价格计算。

（11）茶、桑、果产值。

①茶叶产值按红茶、绿茶、乌龙茶和其他茶的毛茶产量乘以这些毛茶的单价计算。

②桑叶产值按饲养家蚕用的桑叶量乘以桑叶单价推算。

③水果产值按各种水果（鲜果）产品产量乘以该种水果的单价计算。

（12）其他农作物农业产值指不属于以上各类农作物的产值，如饲料作物（专指青饲料）、绿肥作物、水生植物（如苇子、菖草、莲子藕、菱角等）以及花卉、香茅等。这些作物产值的计算一般以产量乘以单价计算。以出售为主种植的园艺花卉可以用营业额代替产值。饲料作物、绿肥作物产值，按饲料作物、绿肥作物的播种面积乘以单位成本费用计算。

（13）其他农业产值是指从事野生植物采集和农民家庭兼营商品性工业等生产活动。

①采集野生植物产值按采集到的各种野生药材、纤维原料、油料、淀粉原料、柴草等产品（未经加工）的数量乘以产品的单价计算。

②农民家庭兼营商品产值指农民家庭兼营工业所生产的商品性手工业产品产值。

林业产值：是指从事竹木采伐、林产品的采集和林木栽培等生产活动的产值。包括3个方面。

（1）营林产值按从事人造林木各项生产活动的工作量乘以各项活动的单

位成本（每亩或每株成本）计算。主要包括成片造林、迹地更新、零星植树、育苗、幼林抚育、成林抚育。

（2）林产品产值按从人工栽培的竹木上，不经砍伐竹木根而采集到的各种林产品数量乘以这些林产品的价格计算。采集野生林木的林果产品应计入农业产值中。如人工栽培与野生林相互混杂，则计入林产品产值，但不包括桑叶、茶叶、水果和食用菌的产值，它们是属于农业种植业的产值。

（3）竹木采伐产值按采伐的竹木量乘以这些竹木的价格计算。

牧业产值：指从事除水产养殖以外的一切动物饲养和放牧等生产活动的产值，包括年内出栏的牛、羊、马、驴、骡等主要牲畜的产值和奶、毛绒等畜牧产品的产值。牲畜的产值均按出栏量计算，包括淘汰的耕畜、奶牛。牧区冬季饿死、冻死的羊只，三头折一头成年羊计算产值。死亡的只数只在牧区计算，而且只算冬季死亡只数，农区一般不必计算。

（1）大牲畜的繁殖、增长、增重产值按大牲畜的生产情况分别进行计算。

$$大牲畜产值=成年畜单价×（仔畜头数×应计算产值的比例）$$
$$=成年畜单价×\left(仔畜头数×\frac{按年龄分组计算的产值}{直接按仔畜头数计算的产值}\right)$$

①仔畜产值。按年末仔畜（指不满一周岁）的头数乘以每头仔畜单价计算。

②幼畜增长、增重产值。按年龄组分别计算，把各年龄组的年末幼畜头数乘以各年龄组的增长单价。某年龄组幼畜增长单价就是这个年龄组幼畜单价减去低一年龄组幼畜单价的差数。计算幼畜增长、增重产值时，牛、驴只算到3岁，马、骡、骆驼只算到4岁，更大年岁的牲畜就不再计算增长、增重产值。

（2）猪的产值。

计算公式：

$$猪的产值=\left(\frac{本年净增加头数}{2}+本年屠宰和净调出肥猪头数\right)×肥猪单价$$

本年增加头数 = 年末生猪存栏头数 - 年初生猪存栏头数

本年屠宰和净调出肥猪头数 = 本年屠宰头数 + 本年调出活肥猪头数 - 本年调入活肥猪头数

在本年净增加的头数中，有各种年龄的猪，都按两头折一头肥猪计算产值，故除以 2。

在本年内肥猪出栏头数包括出售给国家的、市场出售的和自宰自食的肥猪头数。

（3）羊的产值。

计算公式：

$$羊的产值 = \left(本年净增加只数 + 本年屠宰和净调出只数 + \frac{本年死亡只数}{3}\right) \times 成年羊的单价$$

本年净增加只数 = 年末羊存栏只数 - 年初羊存栏只数

本年屠宰和净调出只数 = 本年屠宰只数 + 本年调（卖）出只数 - 本年调（卖）入只数

在牧区，冬季气候寒冷而造成死亡的羊只，应按三只折一只成年羊计算产值。在农区，羊的死亡只数不计算产值。

（4）其他牲畜产值指鹿、獐、熊、貂、狐等特种经济动物的饲养产值，按年内实际出卖数加屠宰后卖出的毛、皮、肉计算。各种活的畜产品如鹿茸、熊胆等不包括，应计入活的畜禽及产品产值中。捕猎的野生上述动物计入捕猎产值。

（5）家禽饲养产值一般可按照各种家禽的年末出栏只数乘以成年家禽单价计算。

某些地区如条件允许，可按下列更准确地公式计算：

某种家禽饲养产值 = ［年末家禽只数 - 年初家禽只数 + 本年调（卖）出只数 - 本年调（买）入只数］× 家禽单价

（6）活的畜禽产品产值按各种产品（如蚕茧、蜂蜜、蜂蜡、鹿茸等）的产量乘以这些产品的单价计算。包括孵化幼禽用种蛋，但不包括屠宰畜禽后取得的各种产品产量。

（7）捕猎产值包括野生动物的捕捉，兽皮、毛皮的生产。按照捕猎所得到的产品产量乘以这些产品的价格计算。

（8）其他动物及产品产值按未列入上述类别的动物饲养所获得的产品产量分别乘以这些产品的价格计算。饲养珍贵动物，可按获得的毛皮或其他产品产量乘以价格计算。

渔业产值：指捕获的天然水生动物和采集的天然海藻，养殖的水生动物和养殖的海藻两类生产活动所获得的全部产品的价值。

（1）海水产品产值按捕捞的天然海水产品和海水养殖的水生动物、植物产品产量及海藻的采集量乘以这些产品的价格计算。

（2）内陆水域水产品产值按捕捞的天然内陆水域水产品和内陆水域养殖的水生动物产品产量乘以这些产品的价格计算。

农林牧渔专业及辅助性活动产值：即农林牧渔服务业产值。按现行价格计算：指当年各地各种农村产品的实际价格。农民自产自用的农村产品，有合同定购价的，按照国家合同定购综合平均价格计算，计算方法是用国家对某种农产品的收购总量除以国家对该种农副产品的收购金额；没有合同定购价的，则采用该种农副产品大量上市时的综合平均价格计算。按不变价格计算：采用将价格固定在某一年份，来计算不同年度的农林牧渔业总产值。其目的是为了消除不同年度、不同地区之间价格变动的影响，便于计算农林牧渔业生产的规模、速度。

农产品加工业产值：指加工企业在一定时间生产出来的以货币表现的全部产品的总成果，为各类产品产量与价格乘积之和。农产品加工业的统计范围为主营业务收入2 000万元及以上的"农副食品加工"等11个大类行业，具体包括：农副食品加工业；食品制造业，扣除"盐加工"小类；饮料制造业，扣除"碳酸饮料制造"和"瓶（罐）装饮用水制造"2个小类；烟草制造业；纺织业，扣除"棉、化纤印染精加工""毛染整精加工"和"丝印染精加工"3个小类；皮革、毛皮、羽毛（绒）及其制品业；木材加工及木、竹、藤、棕、草制品业；家具制造业，扣除"金属家具制造业""塑料家具制造业"和"其他家具制造业" 3 个中类；造纸及纸制品业；中药饮片加工与中成药制造，由"医药制造业"中的 2 个小类合并成；橡胶制品业，扣除"轮胎翻新加工"和"再生橡胶制造" 2 个小类。

休闲农业与观光农业产值：指以农业生产过程、农村风情风貌、农民居家生活、乡村民俗文化为基础，开发农业与农村多种功能，提供休闲观光、农事参与和农家体验等服务的新型农业产业形态的总收入。范围涵盖观光农业、体验农业和创意农业，包括休闲种植业（蔬菜、园艺观赏采摘旅游）、休闲林业（林木培育休闲旅游、森林经营养护休闲旅游、水果观赏采摘旅游、坚果观赏采摘种植、中药材参观旅游）、休闲畜牧业（牲畜参观旅游、家禽参观旅游、其他畜牧参观旅游）、休闲渔业（休闲垂钓旅游、渔业捕捞体验旅游、渔业休闲参观旅游）。

农作物总产量：指调查期内全社会生产的各种农产品的数量，不论种植在耕地还是非耕地上的农作物产量都统计在内。

干胶总产量：指本单位调查期内生产的鲜胶水和杂胶（即扣除杂物后的胶线、胶块、胶泥）经过加工制成的烟胶片、标准胶等成品的总量。

剑麻总产量：指剑麻在调查期收获的全部产品。不论计划内或计划外，也不论是成片种植或零星植株，凡有产量收获的，都要进行统计。按干纤维计。

肉类产量：指调查期内出栏并已屠宰的牲畜及家禽、兔等动物肉产量总计，即屠宰后除去头蹄下水后带骨肉的重量，也叫胴体重，兔禽肉产量按屠宰后去毛和内脏后的重量计算。此项指标可通过典型调查、抽样调查和收购部门掌握的资料，取得平均每头胴体重数据和出栏头数推算。

牛奶产量：指调查期内牛奶的总产量，包括出售给国家、农贸市场交易和农场从业人员自己食用部分。无论是纯种牛、杂种牛、黄牛还是兼用牛产的奶，都要计算为产量，牛犊和乳羊直接吮吸部分不计入产量。

水产品总产量：指调查期内国有农场及农场所属的机关、团体、学校、工矿企业等单位以及农场从业人员捕捞的人工养殖和天然生长的水产品产量。计算原则：①捕捞多少，就算多少产量，不论自食的或出售的。

②有些渔船年内出海捕鱼至年底 12 月 31 日尚未回来，为了便于统计，其产量可以等返航时计算在下年度的产量内，不作本年产量统计。③用作继续扩大再生产的水产品（如鱼苗、鱼种、亲鱼、鱼饵及转塘鱼、存塘鱼等）不作水产品计算。④在渔业生产单位出售以前已经变质的水产品，不论用途如何，不计作水产品产量。⑤在淡水生长的各种水生植物如莲藕、菱角等，因属农作物的范畴，均不包括在水产品产量之内。

养殖产量：指从海水养殖和淡水养殖面积中捕捞的产量。

农场监测年度报表指标解释

土地总面积：指农垦国有农场所辖范围内拥有使用权或经营权的全部陆地面积和水域面积。包括耕地、园地、荒山、荒地、林地、草原、道路、建筑物占地等陆地面积和河流、湖泊、水库、池塘等水域面积。

水田：指筑有田埂（坎），可以经常蓄水，用来种植水稻、莲藕、席草等水生作物的耕地。因天旱暂时没有蓄水而改种旱地作物的，或实行水稻和旱地作物轮种的（如水稻和小麦、油菜、蚕豆等轮种），仍统计为水田。

牧草地面积：指以生产草本植物为主，用于放牧或饲养牲畜和收割牧草的土地面积。包括以天然生长牧草为主，未经改良和垦殖，而用于放牧和收割牧草的天然草地；实施灌溉、施肥、补植等措施的改良草地，以及人工种植牧草的人工草地和以牧为主的疏林、灌木草地。但不包括暂时用来放牧和收草的撂荒地等。

林地面积：指成片种植林木的土地面积。包括天然生长和人工植造的用材林、经济林、防护林、薪炭林和特种用途林等林地（不包括茶、果、桑）的面积。包括郁闭度大于30%（不含30%）的乔木林地，以及未成林的造林地、疏林地、灌木林地、采伐迹地、火烧迹地、苗圃地和国家规定的预备造林地等。但不包括居民绿化用地，以及铁路、公路、河渠的护路、护岸林地。

水面面积：指界定范围内的江、河、湖泊、池塘、水泡、水库、排灌引水干、支渠等流水或蓄水的面积。包括天然水面和人工水面面积。常年积水的旧河道，因天旱暂时干涸的常年蓄水、流水水面和大型晒水池等也统计在内。

可养殖水面面积：指用于水产品养殖的水面面积，包括海水养殖面积（利用滩涂、浅海、港湾，放养各种水产品的人工养殖水面面积）和内陆水面养殖面积（已放养鱼苗、鱼种等水产品苗种并进行人工饲养和管理的池塘、湖泊、水库、河沟及其他的水面养殖面积）。

茶果桑园面积：指成片种植的茶园、果园、桑园面积，包括原有的、垦复的和本年新植定株的面积，以及调查时虽已荒芜，但只要稍加开垦、修整和培育后就能恢复生产的面积，不论树龄大小，也不论当年有无得到收益，都要包括在内。零星种植的茶树、果树数和桑树的丛数，不折算面积。

农田灌溉水有效利用率：指灌入田间可被作物吸收利用的水量与灌溉系统取用的总水量的比率。

土地适度规模经营面积：指单个经营面积达到 500 亩（含）以上的面积之和。

畜禽规模化养殖比重：指生猪、肉牛、奶牛、羊、肉鸡、蛋鸡规模化养殖量与其养殖总量比率的加权合计。

计算公式：畜禽规模化养殖比重 $= \sum_{i=1}^{6} A_i \times X_i$

其中，A_i 为生猪、肉牛、奶牛、羊、肉鸡、蛋鸡规模化养殖场年出（存）栏量分别占其养殖总量的比重；X_i 为生猪、肉牛、奶牛、羊、肉禽、禽蛋产值分别占猪、牛、奶产品、羊、肉禽、蛋禽产值之和的比重。

生猪、羊规模化养殖量是指年出栏 500 头以上的生猪、300 只以上的羊规模化养殖场年出栏生猪、羊的数量总额。肉牛、奶牛规模化养殖量是指年出栏 100 头以上的肉牛、年存栏 100 头以上的奶牛规模化养殖场年出栏肉牛、存栏奶牛的数量总额。肉鸡、蛋鸡规模化养殖量是指年出栏 10 000 只以上肉鸡、年存栏 10 000 只以上的蛋鸡规模化养殖场年出栏肉鸡、存栏蛋鸡的数量总额。

持专业证书的农业从业人员：指农业从业人员中持有涉农专业中等及以上学校教育及农业教育毕业证书、农业行业职业资格证书、农民技术职称证书、农民技术资格证书（绿色证书）的人员。持有一项以上证书人员不重复计算。

大专学历以上农业从业人员：指大专及以上学历农业劳动力。

净资产收益率：指企业税后净利润占净资产的比例。

计算公式：净资产收益率（%）＝净利润／平均净资产×100%

平均净资产＝（年初所有者权益＋年末所有者权益）/2

销售（营业）利润率：指企业销售（营业）利润占营业总收入的比率。

计算公式：销售利润率＝销售（营业）利润／营业总收入×100%

销售（营业）利润＝营业总收入－营业成本－税金及附加－销售费用－管理费用－研发费用－财务费用－资产减值损失－信用减值损失＋其他收益＋投资收益＋净敞口套期收益＋公允价值变动收益＋资产处置收益

成本费用利润率：指企业每付出一元成本能获得的利润。

计算公式：成本费用利润率＝利润总额／成本费用总额×100%

成本费用总额＝主营业务成本＋主营业务税金及附加＋经营费用（营业费用）＋管理费用＋财务费用

资本收益率：指企业净利润（即税后利润）与平均资本（即资本性投入及其资本溢价）的比率。

计算公式：资本收益率＝归属于母公司所有者的净利润／平均资本×100%

平均资本＝[（年初实收资本＋年初资本公积）＋（年末实收资本＋年末资本公积）]/2

销售（营业）增长率：指企业本期主营业务收入较上期主营业务收入增长的比率。

计算公式：销售（营业）增长率（%）＝（本期主营业务收入总额－上期主营业务收入总额）／上期主营业务收入总额×100%

农作物生产成本：指农田种植的各种作物一定量产品耗费的物质费用与

劳动报酬的货币表现。由物质费用与劳动用工作价两大部分构成。在农作物生产物质与服务费中，直接费用包括种子费、化肥费、生物肥费、农药费、农膜费、租赁作业费、燃料动力费、技术服务费、工具材料费、维修护理费及其他直接费用；间接费用包括固定资产折旧、保险费、管理费、财务费、销售费。

畜产品生产成本：指生产某项畜产品（肉类、牛奶、鲜蛋、绒毛、蜂蜜等）耗费的生产费用总和，由物质费用与劳动用工作价两大部分构成。在畜产品生产物质与服务费中，直接费用包括仔畜费、精饲料费、青粗饲料费、饲料加工费、水费、燃料动力费、医疗防疫费、死亡损失费、技术服务费、工具材料费、维修护理费及其他直接费用；间接费用包括固定资产折旧、保险费、管理费、财务费、销售费。

农产品年加工能力：指生产单位每年能够加工的农产品最大产量。

农产品单位加工成本：指为生产单位加工单位数量农产品发生的成本，该项指标统计综合生产成本。

农场监测季度报表指标解释

总产量：指生产单位在一定时期内生产的并符合产品质量要求的实物数量，包括商品量和自用量两部分。

销售量：指企业在一定时期内实际促销出去的产品数量。它包括按合同供货方式或其他供货方式售出的产品数量，以及尚未到合同交货期提前交货的预交合同数量。但不包括外购产品（指由外单位购入、不需要本企业任何加工包装，又不与本企业产品一起作价配套出售的产品）的销售量。

企业监测年度报表指标解释

产业类型：根据《国民经济行业分类与代码》（GB/T 4754—2017）划分为农林牧渔业，采矿业，制造业，电力、热力、燃气及水生产和供应业，建筑业，批发和零售业，交通运输、仓储和邮政业，住宿和餐饮业，信息传输、软件和信息技术服务业，金融业，房地产业，租赁和商务服务业，科学研究和技术服务业，水利、环境和公共设施管理业，居民服务、修理和其他服务业，教育，卫生和社会工作，文化、体育和娱乐业。

企业类型：根据企业主营业务情况，将涉农企业划分为生产加工型、市场流通型、农产品批发市场。

信用等级：指银行或有关机构为企业评定的信用等级。

累计上市融资额：自上市之日起，企业以股票形式，累计从资本市场募集到的资金总额。

ISO 9000 质量认证：指企业委托有资格的认证机构对本企业建立的 ISO 9000 质量体系进行认证的活动。ISO 9000 指由 ISO（International Organization for Standardization）国际标准化组织制定的 9000 一族标准的统称，是由 ISO/TC176 制定的所有国际标准，包括 ISO 9000：1987、ISO 9001：1987、ISO 9002：1987、ISO 9003：1987、ISO 9004：1987 共 5 个国际标准及 ISO 8402：1986《品质—术语》。

HACCP 质量认证：指企业委托有资格的认证机构对本企业所建立和实施的 HACCP 管理体系进行认证的活动。该活动的审核方是获得国家认监委批准的并按有关规定取得国家认可机构资格的 HACCP 认证机构。HACCP 体系认证所取得的证书由认证机构颁发。官方验证与 HACCP 体系认证都由国家认可监督管理委员会负责统一监督管理和协调。HACCP（Hazard Analysis and Critical Control Point）是指鉴别、评价和控制对食品安全至关重要的危害的一种体系。

固定资产投资的资金来源：根据固定资产投资的资金来源不同，分为国家预算内资金、国内贷款、利用外资、自筹资金、其他资金。

（1）国家预算内资金指国家预算、地方财政、主管部门和国家专业投资公司拨给或委托银行贷给建设单位的基本建设拨款和中央建设基金，拨给企业单位的更新改造拨款，以及中央财政安排的专项拨款中用于基本建设的资金。

（2）国内贷款指报告期企、事业单位向银行及银行业金融机构借入的用于固定资产投资的各种国内贷款。

（3）利用外资指报告期收到的用于固定资产投资的国外资金，包括统借统还、自借自还的国外贷款，中外合资项目中的外资，以及无偿捐赠等。其中，国家统借统还的外资，指由我国政府出面同外国政府、团体或金融组织签订贷款协议并负责偿还本息的国外贷款。

（4）自筹资金指建设单位报告期收到的用于进行固定资产投资的上级主管部门、地方和本单位自筹资金。

（5）其他资金指报告期收到除以上各种拨款、借款、自筹资金之外，其他用于固定资产投资的资金。

当年新增固定资产：指报告期内交付使用的固定资产价值。包括本年内已经建成投入生产或交付使用的工程投资和达到固定资产标准的设备、工具、器具的投资及有关应摊入的费用。它是以价值形式表示的固定资产投资成果的综合性指标。属于增加固定资产价值的其他建设费用，应随同交付使用的工程一并计入新增固定资产。

总资产报酬率：指企业投资报酬占投资总额的比率，是反映企业获利能力的重要指标。

计算公式：总资产报酬率＝（利润总额＋利息支出）/ 平均资产总额 × 100%

平均资产总额＝（年初资产总额＋年末资产总额）/2

资产总额来源于企业资产负债表资产总计项；利润总额来源于企业利润表利润总额项；利息支出来源于企业财务费用明细。

总资产周转率：指企业一定时期的销售收入净额与平均资产总额之比，是反映企业资产投资规模与销售水平之间配比情况的重要指标。

计算公式：总资产周转率＝主营业务收入净额 / 平均资产总额

平均资产总额＝（年初资产总额＋年末资产总额）/2

资产总额指标数据来源于企业资产负债表资产总计项；主营业务收入净额指标数据来源于企业损益表主营业务收入项。

流动资产周转率：指企业一定时期内主营业务收入净额与平均流动资产总额的比率，是反映企业资产利用率的重要指标。

计算公式：流动资产周转率 = 主营业务收入净额 / 平均流动资产总额

平均流动资产总额 =（年初流动资产总额 + 年末流动资产总额）/2

主营业务收入净额指标数据来源于企业损益表主营业务收入项；流动资产总额指标数据来源于企业资产负债表流动资产合计项。

资产负债率：指企业一定时期内主营业务收入净额与平均流动资产总额的比率，是反映企业资产利用率的重要指标。

计算公式：流动资产周转率 = 主营业务收入净额 / 平均流动资产总额

平均流动资产总额 =（年初流动资产总额 + 年末流动资产总额）/2

主营业务收入净额指标数据来源于企业损益表主营业务收入项；流动资产总额指标数据来源于企业资产负债表流动资产合计项。

速动比率：指企业速动资产与流动负债的比率，是反映企业流动资产中可以立即变现用于偿还流动负债能力的重要指标。

计算公式：速动比率 = 速动资产 / 流动负债 ×100%

速动资产 = 流动资产 – 存货

流动资产、流动负债、存货指标数据分别来源于企业资产负债表流动资产合计、流动负债合计、存货项。

资本保值增值率：指企业资本增长情况，是反映企业资本的运营效益与安全状况的重要指标。

计算公式：资本保值增值率 = 扣除客观增减因素的年末国有资本及权益 / 年初国有资本及权益 ×100%

国有资本及权益指标数据来源于企业资产负债表所有者权益项。

技术投入比率：指企业科技支出与平均资产总额的比率，是反映企业科技进步的重要指标。

计算公式：技术投入比率 = 科技支出合计 / 平均资产总额

平均资产总额 =（年初资产总额 + 年末资产总额）/2

科技支出合计指标数据来源于企业利润表研发费用项；资产总额指标数

据来源于企业资产负债表资产总计项。

电商交易额：指电子商务交易平台在报告期内促成的商品和服务交易订单的金额，包括当期客户预付并未结转收入的交易金额，扣除往期预付本期给予退回或撤销的客户订单金额。平台交易额是平台促成的交易额，而不仅仅是平台报送法人参与的交易额。平台交易额包括自营电子商务销售额、自营电子商务采购额和非自营电子商务交易额。

自有电商平台交易额：指拥有电子商务平台的企业作为销售方或采购方，在自营电子商务交易平台上实现的交易金额，包括自营电子商务销售额和自营电子商务采购额。电子商务销售金额指报告期内企业（单位）借助网络订单而销售的商品和服务总额，借助网络订单指通过网络接受订单，付款和配送可以不借助于网络。电子商务采购金额指报告期内企业（单位）借助网络订单而采购的商品和服务总额，借助网络订单指通过网络发送订单，付款和配送可以不借助于网络。